SUDOKU 600

스도쿠 600

콘텐츠기획팀 지음

스도쿠600

4		3
9		

Level 1 150문제(001~150)
Level 2 150문제(151~300)
Level 3 150문제(301~450)
Level 4 150문제(451~600)

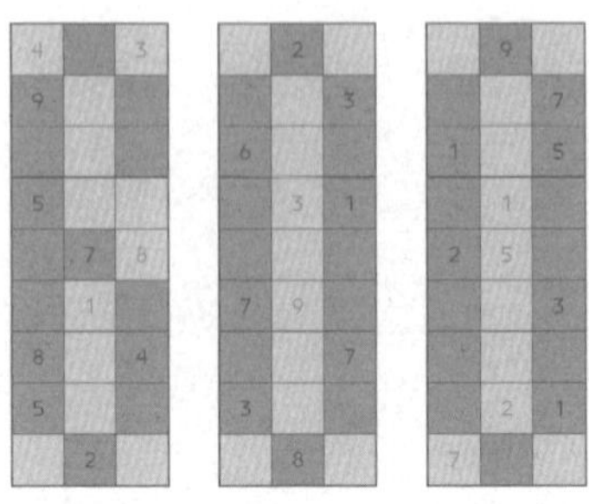

국내 최다 600문제와 4단계 난이도로
기억력·집중력·논리력을 한 번에 키우는

두뇌 트레이닝 퍼즐

스도쿠는 가로·세로 9칸씩 총 81칸의 빈칸을 1~9까지의 숫자로 중복 없이 채워 넣는 퍼즐 게임이다. 단순해 보이지만, 이를 해결하는 과정에서 기억력·집중력·추리력·논리력·문제해결력 등 다양한 인지 능력이 자연스럽게 활성화된다. 이러한 두뇌 활동은 뇌세포를 자극해 치매 예방에 도움을 주고, 어린이·청소년의 두뇌 발달에도 긍정적인 영향을 준다고 알려져 있다. 이처럼 폭넓은 연령대가 즐길 수 있는 장점을 갖춘 덕분에 스도쿠는 전 세계에서 세대를 초월해 꾸준히 사랑받고 있다.

『스도쿠 600』은 국내 최다 수준의 600문제를 Level 1(초급)·Level 2(중급)·Level 3(상급)·Level 4(고급) 네 단계로 나누어 각 150문제씩 담았다. 퍼즐 실력에 따라 선택적으로 도전할 수 있어, 스도쿠 입문자부터 숙련자까지 모두 만족할 수 있다.

600개의 퍼즐을 해결하며 두뇌를 깨우고, 집중의 즐거움을 온전히 느낄 수 있는 스도쿠의 모든 것! 『스도쿠 600』에서 경험해 보자.

4		8		5	2	1	3	
	9	3			8		4	7
6	1	2			7	8	9	
1	5		8					9
	2		7	1	4	6	5	
		6					8	1
9				7		3		
	6	1	4	8		9		2
			6				1	4

001

6	2			7	5	9		4
	5					2	7	
	9		4			6		
8		9	2	6			3	7
		1	5	9	7		4	6
5		6		3	4	1	2	
7	1	2			9		8	5
	6		7		8			
				5		7	6	

002

Aanswer

001

4	7	8	9	5	2	1	3	6
5	9	3	1	6	8	2	4	7
6	1	2	3	4	7	8	9	5
1	5	4	8	3	6	7	2	9
8	2	9	7	1	4	6	5	3
7	3	6	5	2	9	4	8	1
9	4	5	2	7	1	3	6	8
3	6	1	4	8	5	9	7	2
2	8	7	6	9	3	5	1	4

002

6	2	8	3	7	5	9	1	4
4	5	3	9	1	6	2	7	8
1	9	7	4	8	2	6	5	3
8	4	9	2	6	1	5	3	7
2	3	1	5	9	7	8	4	6
5	7	6	8	3	4	1	2	9
7	1	2	6	4	9	3	8	5
3	6	5	7	2	8	4	9	1
9	8	4	1	5	3	7	6	2

4		1			3	8		5
3	8			9	6	4	7	
6	2	7			5	1	3	
	1			5			4	
			2			7		8
7		2	8	3			1	6
2						3		7
	7	9	3					
		6	5	7	8	9	2	

003

8	4		9	7	5		2	
6	5		4	3			9	1
3		2	6		8		4	
4		5	7					
				5	1	4		
1	7				9	2	3	5
	8	9	5		7	3		4
	6			8				2
5		3				7		

004

Aanswer

003

4	9	1	7	2	3	8	6	5
3	8	5	1	9	6	4	7	2
6	2	7	4	8	5	1	3	9
9	1	8	6	5	7	2	4	3
5	6	3	2	1	4	7	9	8
7	4	2	8	3	9	5	1	6
2	5	4	9	6	1	3	8	7
8	7	9	3	4	2	6	5	1
1	3	6	5	7	8	9	2	4

004

8	4	1	9	7	5	6	2	3
6	5	7	4	3	2	8	9	1
3	9	2	6	1	8	5	4	7
4	3	5	7	2	6	1	8	9
9	2	8	3	5	1	4	7	6
1	7	6	8	4	9	2	3	5
2	8	9	5	6	7	3	1	4
7	6	4	1	8	3	9	5	2
5	1	3	2	9	4	7	6	8

	2			5	9			6
				6		1		
6		5	4		2	8		9
5	6	2	8	4			1	
4		7		9	1		8	
	9	8	5	7		3	2	
2			6	3		5	9	1
3	5							8
		6		8	5			

005

		6	7		1			
4	1	3	2			7		9
				9		6	1	
	6	4	9	1			2	8
		9				1	4	
	3				8			5
2	7			6	4	5		1
6			8	5		4	3	
3			1	2	9	8		6

006

Aanswer

005

8	2	1	3	5	9	4	7	6
9	4	3	7	6	8	1	5	2
6	7	5	4	1	2	8	3	9
5	6	2	8	4	3	9	1	7
4	3	7	2	9	1	6	8	5
1	9	8	5	7	6	3	2	4
2	8	4	6	3	7	5	9	1
3	5	9	1	2	4	7	6	8
7	1	6	9	8	5	2	4	3

006

9	5	6	7	4	1	2	8	3
4	1	3	2	8	6	7	5	9
8	2	7	5	9	3	6	1	4
7	6	4	9	1	5	3	2	8
5	8	9	6	3	2	1	4	7
1	3	2	4	7	8	9	6	5
2	7	8	3	6	4	5	9	1
6	9	1	8	5	7	4	3	2
3	4	5	1	2	9	8	7	6

1	6	9		4		2	7	
	7	3		2			5	4
5		2		9	8	6	3	
	9		4	5	6	1	8	
		1					2	6
6	8		2					7
7					4			
			1				6	5
	1	6	5		2	7		9

007

	2			4	6	3		9
	9		5	8	7	4	2	
	7	1	3		2	6	8	
5			7			8		3
		9					6	
3		2		5	8		4	7
2			8	1				
					5	2		8
9	3	8		7		1	5	

008

Aanswer

007

1	6	9	3	4	5	2	7	8
8	7	3	6	2	1	9	5	4
5	4	2	7	9	8	6	3	1
2	9	7	4	5	6	1	8	3
4	3	1	8	7	9	5	2	6
6	8	5	2	1	3	4	9	7
7	5	8	9	6	4	3	1	2
9	2	4	1	3	7	8	6	5
3	1	6	5	8	2	7	4	9

008

8	2	5	1	4	6	3	7	9
6	9	3	5	8	7	4	2	1
4	7	1	3	9	2	6	8	5
5	6	4	7	2	9	8	1	3
7	8	9	4	3	1	5	6	2
3	1	2	6	5	8	9	4	7
2	5	6	8	1	3	7	9	4
1	4	7	9	6	5	2	3	8
9	3	8	2	7	4	1	5	6

2			9	5				
	3			4	2	9	6	7
	4	9						5
5		6		8	9	4	3	
3	9	2		1	5		7	
8	1		7	6			5	
9	2		3		1	5		6
		1				7		
		3	6	9				2

009

		1		4			7	6
		3				9		
4	6			7	2	3	1	
3	9		2				5	7
	2	7	1		8	6		9
6	1	4	5			2		3
	4						6	2
8		6		2				
1			7	5	6	4		8

010

Aanswer

2	8	7	9	5	6	3	1	4
1	3	5	8	4	2	9	6	7
6	4	9	1	3	7	8	2	5
5	7	6	2	8	9	4	3	1
3	9	2	4	1	5	6	7	8
8	1	4	7	6	3	2	5	9
9	2	8	3	7	1	5	4	6
4	6	1	5	2	8	7	9	3
7	5	3	6	9	4	1	8	2

009

2	5	1	9	4	3	8	7	6
7	8	3	6	1	5	9	2	4
4	6	9	8	7	2	3	1	5
3	9	8	2	6	4	1	5	7
5	2	7	1	3	8	6	4	9
6	1	4	5	9	7	2	8	3
9	4	5	3	8	1	7	6	2
8	7	6	4	2	9	5	3	1
1	3	2	7	5	6	4	9	8

010

	2		5	3		7	8	6
1	8		7	4			5	9
	5			9	2	3	4	
2			4					3
		6		7	9			
5		9	3		8	6	7	
		5				1		7
7	9	2	6	1		8		
				5	7		6	

011

		2	3	8	4		1	5
	8	5	7					
1						8		7
9		6			7	3		4
7	4			5	2		8	9
2	1	8			3		7	6
8		1	4	7		2	6	
			1			4		8
	6	4		3				

012

Aanswer

9	2	4	5	3	1	7	8	6
1	8	3	7	4	6	2	5	9
6	5	7	8	9	2	3	4	1
2	7	8	4	6	5	9	1	3
3	4	6	1	7	9	5	2	8
5	1	9	3	2	8	6	7	4
4	6	5	2	8	3	1	9	7
7	9	2	6	1	4	8	3	5
8	3	1	9	5	7	4	6	2

011

6	7	2	3	8	4	9	1	5
4	8	5	7	9	1	6	3	2
1	3	9	5	2	6	8	4	7
9	5	6	8	1	7	3	2	4
7	4	3	6	5	2	1	8	9
2	1	8	9	4	3	5	7	6
8	9	1	4	7	5	2	6	3
3	2	7	1	6	9	4	5	8
5	6	4	2	3	8	7	9	1

012

	1	8	3			7	2	5
			8	2		9		
2		9			1			
5		2				1		
				6	8			2
3	6		1		2	5	9	
	9	6	2	1	3			7
7		5	6		4			9
	2	4		5	9		8	3

013

7	8	4		5			1	2
					2	8	9	
		9	8	1				
		2				7	8	
8			3		1			
	9	7		2	8	5		3
4			2	8	5		3	9
5	1		7		9		6	8
9				3	6	4	7	

014

Aanswer

013

4	1	8	3	9	6	7	2	5
6	7	3	8	2	5	9	4	1
2	5	9	4	7	1	8	3	6
5	8	2	9	3	7	1	6	4
9	4	1	5	6	8	3	7	2
3	6	7	1	4	2	5	9	8
8	9	6	2	1	3	4	5	7
7	3	5	6	8	4	2	1	9
1	2	4	7	5	9	6	8	3

014

7	8	4	9	5	3	6	1	2
3	5	1	4	6	2	8	9	7
2	6	9	8	1	7	3	5	4
6	3	2	5	9	4	7	8	1
8	4	5	3	7	1	9	2	6
1	9	7	6	2	8	5	4	3
4	7	6	2	8	5	1	3	9
5	1	3	7	4	9	2	6	8
9	2	8	1	3	6	4	7	5

Level
1

4		8	1	6				9
1	3		9		4		7	2
6	9		2	3	5			8
				7	3	9		
7	5			2		8	3	4
9		3	5					
				4	6			3
3		4				5		
	6	2	3	5		4	9	

015

					3		5	6
8		6	4	5		3	2	
5	3			2				
	9	3	7		8	4		5
	6	4			1	8	3	2
1	5				4	9	6	
	7	2	3	1	5		8	
3	4					2		
				4			7	3

016

Aanswer

015

4	2	8	1	6	7	3	5	9
1	3	5	9	8	4	6	7	2
6	9	7	2	3	5	1	4	8
2	8	6	4	7	3	9	1	5
7	5	1	6	2	9	8	3	4
9	4	3	5	1	8	7	2	6
5	1	9	7	4	6	2	8	3
3	7	4	8	9	2	5	6	1
8	6	2	3	5	1	4	9	7

016

4	2	9	1	8	3	7	5	6
8	1	6	4	5	7	3	2	9
5	3	7	6	2	9	1	4	8
2	9	3	7	6	8	4	1	5
7	6	4	5	9	1	8	3	2
1	5	8	2	3	4	9	6	7
9	7	2	3	1	5	6	8	4
3	4	5	8	7	6	2	9	1
6	8	1	9	4	2	5	7	3

5	9					4		
				9			2	5
	2	4	5	6	8		3	
3		7	9	8		5	4	
8	5			4				
			6			2		7
	7	9			6	3	5	4
	1	5	2		3	9		8
6	8				9	1	7	

017

1	7			3	8	4		6
			7		4	1		
	2	3						5
8			2	1		5	4	7
2		7				6		
	1		6		7			
	6	4	9	7			8	2
7	8	1	3	6			5	
3	9		4		5		6	

018

Aanswer

017

5	9	8	3	2	7	4	1	6
7	3	6	1	9	4	8	2	5
1	2	4	5	6	8	7	3	9
3	6	7	9	8	2	5	4	1
8	5	2	7	4	1	6	9	3
9	4	1	6	3	5	2	8	7
2	7	9	8	1	6	3	5	4
4	1	5	2	7	3	9	6	8
6	8	3	4	5	9	1	7	2

018

1	7	9	5	3	8	4	2	6
6	5	8	7	2	4	1	9	3
4	2	3	1	9	6	8	7	5
8	3	6	2	1	9	5	4	7
2	4	7	8	5	3	6	1	9
9	1	5	6	4	7	2	3	8
5	6	4	9	7	1	3	8	2
7	8	1	3	6	2	9	5	4
3	9	2	4	8	5	7	6	1

					7		4	2
4		7	8		2	5		3
	5		6			1		
		3	4	2	6	7	9	
	4	9			8			
7							8	4
3	7	4		6		8	5	
8	2		9	3		4	1	
1		5		8			2	6

019

1	3			4	6	9	5	
	4	9		5				
			9				4	1
	8	4	6			2	1	
9		2	3		7	6		4
6		1	8			3	9	5
5		7	4	8	9		3	
				6			7	9
	9	6				5		

020

Aanswer

019

6	3	8	5	1	7	9	4	2
4	1	7	8	9	2	5	6	3
9	5	2	6	4	3	1	7	8
5	8	3	4	2	6	7	9	1
2	4	9	1	7	8	6	3	5
7	6	1	3	5	9	2	8	4
3	7	4	2	6	1	8	5	9
8	2	6	9	3	5	4	1	7
1	9	5	7	8	4	3	2	6

020

1	3	8	7	4	6	9	5	2
7	4	9	2	5	1	8	6	3
2	6	5	9	3	8	7	4	1
3	8	4	6	9	5	2	1	7
9	5	2	3	1	7	6	8	4
6	7	1	8	2	4	3	9	5
5	2	7	4	8	9	1	3	6
8	1	3	5	6	2	4	7	9
4	9	6	1	7	3	5	2	8

3	4	6	2	9			1	
	8	9	5	3		7	6	
2		5	8		1		9	
6			7	4		3	8	1
		4	9		3			
7	3							9
4		3		2	6	9		8
			3		8			4
8	2					1		

021

1			9		2	6	3	5
2			7	1		4		9
6		8	4		5	2	7	
			2	5		3		
7	1	5	8		3			6
	2						5	8
5							9	7
	7	2		6	9	5		3
	3		5	7				

022

Aanswer

021

3	4	6	2	9	7	8	1	5
1	8	9	5	3	4	7	6	2
2	7	5	8	6	1	4	9	3
6	9	2	7	4	5	3	8	1
5	1	4	9	8	3	6	2	7
7	3	8	6	1	2	5	4	9
4	5	3	1	2	6	9	7	8
9	6	1	3	7	8	2	5	4
8	2	7	4	5	9	1	3	6

022

1	4	7	9	8	2	6	3	5
2	5	3	7	1	6	4	8	9
6	9	8	4	3	5	2	7	1
9	8	6	2	5	7	3	1	4
7	1	5	8	4	3	9	2	6
3	2	4	6	9	1	7	5	8
5	6	1	3	2	4	8	9	7
8	7	2	1	6	9	5	4	3
4	3	9	5	7	8	1	6	2

			1			2	7	
1		2						6
7	6		8	2	4		9	
	3	9	4	1			6	2
2		4	6					
					2	3		7
3	1				8	6	2	9
4		8			1		3	5
5	2			7	9	4		1

023

	2					3		1
				8	1		9	
9		1	2	7		4	8	
7			9		6	1	3	8
6	1						4	
		9		1	4			
2		5		3	8			4
	8	4	1		5	6		7
1	9	7	4		2			3

024

Aanswer

023

9	8	3	1	5	6	2	7	4
1	4	2	7	9	3	8	5	6
7	6	5	8	2	4	1	9	3
8	3	9	4	1	7	5	6	2
2	7	4	6	3	5	9	1	8
6	5	1	9	8	2	3	4	7
3	1	7	5	4	8	6	2	9
4	9	8	2	6	1	7	3	5
5	2	6	3	7	9	4	8	1

024

8	2	6	5	4	9	3	7	1
4	7	3	6	8	1	2	9	5
9	5	1	2	7	3	4	8	6
7	4	2	9	5	6	1	3	8
6	1	8	3	2	7	5	4	9
5	3	9	8	1	4	7	6	2
2	6	5	7	3	8	9	1	4
3	8	4	1	9	5	6	2	7
1	9	7	4	6	2	8	5	3

		4		2	1	6	7	9
		2	4		5	8		1
3		6		9	8	2	5	
9	4	5		7	3			6
			9		2	7		
	2						9	3
	7		5		9			
						3	1	5
2	5		6	1		9		7

025

					2	8		9
8			4	9				
5	9	6	1			4	2	
	4	1		6	8	7	9	
		8	3		7	6		5
		5	9	2	1	3	8	
2						9		6
6	8		2		9		3	1
	5			3	4			

026

Aanswer

025

5	8	4	3	2	1	6	7	9
7	9	2	4	6	5	8	3	1
3	1	6	7	9	8	2	5	4
9	4	5	8	7	3	1	2	6
6	3	1	9	5	2	7	4	8
8	2	7	1	4	6	5	9	3
1	7	8	5	3	9	4	6	2
4	6	9	2	8	7	3	1	5
2	5	3	6	1	4	9	8	7

026

4	1	3	7	5	2	8	6	9
8	7	2	4	9	6	1	5	3
5	9	6	1	8	3	4	2	7
3	4	1	5	6	8	7	9	2
9	2	8	3	4	7	6	1	5
7	6	5	9	2	1	3	8	4
2	3	7	8	1	5	9	4	6
6	8	4	2	7	9	5	3	1
1	5	9	6	3	4	2	7	8

				9	8		5	
	9					2		8
1	4	8	5	2		3		
8							2	6
	1	9	6		3	5	8	
	5			8	1			
9				1	4	6	7	
4			9	6		8	3	5
3		2	8	7			9	1

027

	6		3		7	1	9	
	3			6	9	4	5	2
	4	8		5	1	6		7
7		6	4	9		5	2	
2			7		5			
		3					7	9
3	7	5		2	8		4	
			5		6	2		
6							8	5

028

Aanswer

6	2	3	1	9	8	7	5	4
5	9	7	4	3	6	2	1	8
1	4	8	5	2	7	3	6	9
8	3	4	7	5	9	1	2	6
2	1	9	6	4	3	5	8	7
7	5	6	2	8	1	9	4	3
9	8	5	3	1	4	6	7	2
4	7	1	9	6	2	8	3	5
3	6	2	8	7	5	4	9	1

027

5	6	2	3	4	7	1	9	8
1	3	7	8	6	9	4	5	2
9	4	8	2	5	1	6	3	7
7	8	6	4	9	3	5	2	1
2	1	9	7	8	5	3	6	4
4	5	3	6	1	2	8	7	9
3	7	5	1	2	8	9	4	6
8	9	4	5	7	6	2	1	3
6	2	1	9	3	4	7	8	5

028

7	3				4	8	2	1
9	8		5		1		6	3
6		4			3	7		9
5	2		8	4	6	1		
				3		5	8	
3		8						2
	7	1	3	6		2		8
8		6		2				
			4				7	5

029

	3	5	4		8		2	6
		6		2	5			
	7					4	9	
		3				2		9
				3	2		6	
5	2	7	6	9				8
7			3	4		6	8	2
8	9		2	1		5	3	
3				5	7		1	4

030

Aanswer

029

7	3	5	6	9	4	8	2	1
9	8	2	5	7	1	4	6	3
6	1	4	2	8	3	7	5	9
5	2	9	8	4	6	1	3	7
1	4	7	9	3	2	5	8	6
3	6	8	1	5	7	9	4	2
4	7	1	3	6	5	2	9	8
8	5	6	7	2	9	3	1	4
2	9	3	4	1	8	6	7	5

030

9	3	5	4	7	8	1	2	6
1	4	6	9	2	5	8	7	3
2	7	8	1	6	3	4	9	5
6	1	3	7	8	4	2	5	9
4	8	9	5	3	2	7	6	1
5	2	7	6	9	1	3	4	8
7	5	1	3	4	9	6	8	2
8	9	4	2	1	6	5	3	7
3	6	2	8	5	7	9	1	4

	7	4	9	6		3		5
		6				4	9	
	8			4	5			
8			3	9	6		5	7
3	1		7		4		2	9
7			2	5		8	4	
			6			9	7	
		7		1	9			
4	9	8		3			1	6

031

7		5			4			
	4	1		2		7	8	6
			7	1			5	
6		7					4	
			3	6				7
2	3			4	7	5	6	
	5	3	4	7	2			8
	7	9	6		5	1		2
8		6		3	9			5

032

Aanswer

1	7	4	9	6	2	3	8	5
2	5	6	8	7	3	4	9	1
9	8	3	1	4	5	7	6	2
8	4	2	3	9	6	1	5	7
3	1	5	7	8	4	6	2	9
7	6	9	2	5	1	8	4	3
5	3	1	6	2	8	9	7	4
6	2	7	4	1	9	5	3	8
4	9	8	5	3	7	2	1	6

031

7	6	5	8	9	4	2	1	3
9	4	1	5	2	3	7	8	6
3	8	2	7	1	6	9	5	4
6	1	7	2	5	8	3	4	9
5	9	4	3	6	1	8	2	7
2	3	8	9	4	7	5	6	1
1	5	3	4	7	2	6	9	8
4	7	9	6	8	5	1	3	2
8	2	6	1	3	9	4	7	5

032

3			9	8	5		7	1
	7					5		4
1		5		4				
				7		9		5
7	5			9	4	3	2	
		2			8	4		
	4	9	3		1		5	6
5	3	7	8				4	2
2	6		4			8		9

033

	1	7	5	3	9		8	
				4			1	5
5	4					7		
9	5			7				
8		2	4	9		5	7	
			3				9	2
3	9				4	6	2	
	2	4			3	8	5	7
	6	5	1		8	4		9

034

Aanswer

3	2	4	9	8	5	6	7	1
6	7	8	2	1	3	5	9	4
1	9	5	7	4	6	2	8	3
4	8	3	6	7	2	9	1	5
7	5	6	1	9	4	3	2	8
9	1	2	5	3	8	4	6	7
8	4	9	3	2	1	7	5	6
5	3	7	8	6	9	1	4	2
2	6	1	4	5	7	8	3	9

033

6	1	7	5	3	9	2	8	4
2	8	3	6	4	7	9	1	5
5	4	9	8	1	2	7	6	3
9	5	1	2	7	6	3	4	8
8	3	2	4	9	1	5	7	6
4	7	6	3	8	5	1	9	2
3	9	8	7	5	4	6	2	1
1	2	4	9	6	3	8	5	7
7	6	5	1	2	8	4	3	9

034

Level 1

			3	6		1		
1		3		4	7	6	8	
	7				2	4		
3	1	4	7		8			9
	6	8	2		3		5	4
7		2	6	9				8
		1	8	3				
4			5		1	9	3	6
5	3					8		

035

6					9	5		
			8				9	4
	8	9	4	2		6		7
		8					2	9
9	1		2					
	7		3	9	4	8	1	
	6	5			2		4	3
8	9	7			3	2	6	
4		2		1	7	9	5	

036

Aanswer

035

8	4	9	3	6	5	1	7	2
1	2	3	9	4	7	6	8	5
6	7	5	1	8	2	4	9	3
3	1	4	7	5	8	2	6	9
9	6	8	2	1	3	7	5	4
7	5	2	6	9	4	3	1	8
2	9	1	8	3	6	5	4	7
4	8	7	5	2	1	9	3	6
5	3	6	4	7	9	8	2	1

036

6	4	1	7	3	9	5	8	2
7	2	3	8	6	5	1	9	4
5	8	9	4	2	1	6	3	7
3	5	8	1	7	6	4	2	9
9	1	4	2	5	8	3	7	6
2	7	6	3	9	4	8	1	5
1	6	5	9	8	2	7	4	3
8	9	7	5	4	3	2	6	1
4	3	2	6	1	7	9	5	8

	4		5	2		3	1	9
6	9		7	3			8	2
	2		8		4	5		7
3	8	4	6	1		9		
			2		3			1
		2				6	3	
2		8		5	9	1		3
		1	3		8			
						8	5	6

037

7	2	3	8		1	4		
6						8		3
			6	3			1	
	4	8	9		3		6	2
	6		2	7		5	9	
	7		5		6	3	4	1
1			3	2				
2		6		4	5	1	3	
		7			9	2		

038

Aanswer

037

8	4	7	5	2	6	3	1	9
6	9	5	7	3	1	4	8	2
1	2	3	8	9	4	5	6	7
3	8	4	6	1	7	9	2	5
9	5	6	2	8	3	7	4	1
7	1	2	9	4	5	6	3	8
2	6	8	4	5	9	1	7	3
5	7	1	3	6	8	2	9	4
4	3	9	1	7	2	8	5	6

038

7	2	3	8	9	1	4	5	6
6	1	9	4	5	7	8	2	3
8	5	4	6	3	2	9	1	7
5	4	8	9	1	3	7	6	2
3	6	1	2	7	4	5	9	8
9	7	2	5	8	6	3	4	1
1	9	5	3	2	8	6	7	4
2	8	6	7	4	5	1	3	9
4	3	7	1	6	9	2	8	5

Level 1

		4	2	9		8	1	5
5		9				7		
	2			7	5			
	3	6		1	8		7	
1	7		5	3			4	9
2	4	5	7	6			8	
6	9							8
				5	1	2		
	5	2	6		4	1		7

039

	8		3	1				
5	3		9		4	1	8	
2							3	4
7		9		6	1	5		3
		2		4	5	9	1	8
		5	2	3		6	4	
	5						7	1
1	2	3		7	8		9	
			1	5		8		

040

Aanswer

7	6	4	2	9	3	8	1	5
5	1	9	8	4	6	7	2	3
8	2	3	1	7	5	9	6	4
9	3	6	4	1	8	5	7	2
1	7	8	5	3	2	6	4	9
2	4	5	7	6	9	3	8	1
6	9	1	3	2	7	4	5	8
4	8	7	9	5	1	2	3	6
3	5	2	6	8	4	1	9	7

039

4	8	6	3	1	7	2	5	9
5	3	7	9	2	4	1	8	6
2	9	1	5	8	6	7	3	4
7	4	9	8	6	1	5	2	3
3	6	2	7	4	5	9	1	8
8	1	5	2	3	9	6	4	7
6	5	8	4	9	2	3	7	1
1	2	3	6	7	8	4	9	5
9	7	4	1	5	3	8	6	2

040

8							7	2
	1	2		3	5		8	6
		6	8	2				
1			2	9			4	5
3	7		4		8	2	1	
9			5		1	6	3	8
		1				8		7
			1	8			6	
2	8	9	7		6			3

041

		9		3	8			
5		3	7	2		8	9	
4							3	7
8	3	4	9		6		2	
				8	5	9		
		5					6	8
6	2		8		1	5		3
	4		5		7	2	8	9
	5			4	3	1	7	

042

Aanswer

041

8	9	3	6	1	4	5	7	2
7	1	2	9	3	5	4	8	6
4	5	6	8	2	7	3	9	1
1	6	8	2	9	3	7	4	5
3	7	5	4	6	8	2	1	9
9	2	4	5	7	1	6	3	8
6	4	1	3	5	9	8	2	7
5	3	7	1	8	2	9	6	4
2	8	9	7	4	6	1	5	3

042

7	1	9	6	3	8	4	5	2
5	6	3	7	2	4	8	9	1
4	8	2	1	5	9	6	3	7
8	3	4	9	1	6	7	2	5
2	7	6	3	8	5	9	1	4
1	9	5	4	7	2	3	6	8
6	2	7	8	9	1	5	4	3
3	4	1	5	6	7	2	8	9
9	5	8	2	4	3	1	7	6

Level 1

	5	6			1	2		3
9	4	7			2		1	6
3	1			8	4		7	5
	7	9	3	1		4	6	
			9			3		7
6					7	1		
7		8	1					
		4	2	7	3		9	8
	9					7		1

043

7	5		2			9	6	1
8		9			5			
			7	9				8
9		6						5
	3	2	5		9	8		6
			6	3		1		
4	9			6	8	7	2	
3	8		9	5	2		1	
6		1	3		4		8	

044

Aanswer

043

8	5	6	7	9	1	2	4	3
9	4	7	5	3	2	8	1	6
3	1	2	6	8	4	9	7	5
5	7	9	3	1	8	4	6	2
4	2	1	9	6	5	3	8	7
6	8	3	4	2	7	1	5	9
7	3	8	1	5	9	6	2	4
1	6	4	2	7	3	5	9	8
2	9	5	8	4	6	7	3	1

044

7	5	4	2	8	3	9	6	1
8	6	9	4	1	5	2	3	7
2	1	3	7	9	6	4	5	8
9	7	6	8	2	1	3	4	5
1	3	2	5	4	9	8	7	6
5	4	8	6	3	7	1	9	2
4	9	5	1	6	8	7	2	3
3	8	7	9	5	2	6	1	4
6	2	1	3	7	4	5	8	9

5	7		6		8	2	3	
3				4	2		8	9
4			3		9	1	5	6
	3	2	9	5			6	1
		1		2	6			
6						9	7	
		3				6		7
				6	3		1	
2	6	4	1		7			5

045

	5	2		6	8	3	7	
	3		7	5				
		9					4	8
5	9	7	4		3	6		
			2	7			3	
	2					4		7
6		4	1		7		2	5
2			5	9		8	1	
9			8		2	7	6	3

046

Aanswer

5	7	9	6	1	8	2	3	4
3	1	6	5	4	2	7	8	9
4	2	8	3	7	9	1	5	6
7	3	2	9	5	4	8	6	1
8	9	1	7	2	6	5	4	3
6	4	5	8	3	1	9	7	2
1	8	3	4	9	5	6	2	7
9	5	7	2	6	3	4	1	8
2	6	4	1	8	7	3	9	5

045

4	5	2	9	6	8	3	7	1
1	3	8	7	5	4	2	9	6
7	6	9	3	2	1	5	4	8
5	9	7	4	1	3	6	8	2
8	4	6	2	7	5	1	3	9
3	2	1	6	8	9	4	5	7
6	8	4	1	3	7	9	2	5
2	7	3	5	9	6	8	1	4
9	1	5	8	4	2	7	6	3

046

1	3	5	7	9		6		
2		7	4		6	9		
9	4		2	5		1	8	
3			9		5			
	5	8						9
		1	8	3		4	5	6
			5		4			3
	7						6	
5		3		7	1		9	4

047

8	6		9		2			1
4	3	5	6	1				2
1		9	8	3		7		4
			3		9		5	
3	5			6	4	1	9	
		6				2		
5			1		3			
	7	3					1	
	4		7	5		3	2	9

048

Aanswer

047

1	3	5	7	9	8	6	4	2
2	8	7	4	1	6	9	3	5
9	4	6	2	5	3	1	8	7
3	6	2	9	4	5	7	1	8
4	5	8	1	6	7	3	2	9
7	9	1	8	3	2	4	5	6
6	1	9	5	8	4	2	7	3
8	7	4	3	2	9	5	6	1
5	2	3	6	7	1	8	9	4

048

8	6	7	9	4	2	5	3	1
4	3	5	6	1	7	9	8	2
1	2	9	8	3	5	7	6	4
2	1	4	3	7	9	6	5	8
3	5	8	2	6	4	1	9	7
7	9	6	5	8	1	2	4	3
5	8	2	1	9	3	4	7	6
9	7	3	4	2	6	8	1	5
6	4	1	7	5	8	3	2	9

				2	4			
	9	2	1	5		4	7	
		5					2	1
9			6	4			3	2
7	8		9		2	1		6
3			7	1	5	9		4
		9		8	1			
2	1	3		7		5		8
			5				1	9

049

8		4		9	7	2		5
7		6	8	1	5			3
	3	9	6		4			7
	8	7			1			
1		2	5			8	3	9
			2	8			7	
	9	8					1	
			9	6				
6	5		1		8	7	9	

050

Aanswer

049

1	3	7	8	2	4	6	9	5
8	9	2	1	5	6	4	7	3
6	4	5	3	9	7	8	2	1
9	5	1	6	4	8	7	3	2
7	8	4	9	3	2	1	5	6
3	2	6	7	1	5	9	8	4
5	6	9	2	8	1	3	4	7
2	1	3	4	7	9	5	6	8
4	7	8	5	6	3	2	1	9

050

8	1	4	3	9	7	2	6	5
7	2	6	8	1	5	9	4	3
5	3	9	6	2	4	1	8	7
9	8	7	4	3	1	5	2	6
1	4	2	5	7	6	8	3	9
3	6	5	2	8	9	4	7	1
2	9	8	7	5	3	6	1	4
4	7	1	9	6	2	3	5	8
6	5	3	1	4	8	7	9	2

				2		1	6	
	2	1						3
3	6		7	5	1		8	
	7	5	2				4	9
1	9		8		6	7		2
2	4		5			3	1	8
	1	7		3				
4		8		7	2		3	1
					5	4		

051

	4	9	5	3			7	
5		7	9		2		8	1
6	2	8	4		7		3	
	8		1		6	3	5	2
2	1					7		
		6	7	2				
	6	2		8	4	5		7
4	5							
			2	5		6		

052

Aanswer

5	8	4	3	2	9	1	6	7
7	2	1	4	6	8	5	9	3
3	6	9	7	5	1	2	8	4
8	7	5	2	1	3	6	4	9
1	9	3	8	4	6	7	5	2
2	4	6	5	9	7	3	1	8
6	1	7	9	3	4	8	2	5
4	5	8	6	7	2	9	3	1
9	3	2	1	8	5	4	7	6

051

1	4	9	5	3	8	2	7	6
5	3	7	9	6	2	4	8	1
6	2	8	4	1	7	9	3	5
7	8	4	1	9	6	3	5	2
2	1	5	8	4	3	7	6	9
3	9	6	7	2	5	1	4	8
9	6	2	3	8	4	5	1	7
4	5	1	6	7	9	8	2	3
8	7	3	2	5	1	6	9	4

052

	2	9	1			3	8	
3	1		5	4		2		7
6	5	7	8			9		1
7		4			1			
		5	3	7	8	4		6
	6					1	7	
	7	6		1	3		5	9
9				8				
					6	7	3	

053

	5	3		1		7	4	9
	2	4	8	7		3		6
1	6			3		2	5	
6	4				9			
			1					5
7		5	3		6	4	9	
4	3					9		
					3		8	4
	8	9	4	6	1		7	

054

Aanswer

4	2	9	1	6	7	3	8	5
3	1	8	5	4	9	2	6	7
6	5	7	8	3	2	9	4	1
7	3	4	6	2	1	5	9	8
1	9	5	3	7	8	4	2	6
8	6	2	9	5	4	1	7	3
2	7	6	4	1	3	8	5	9
9	4	3	7	8	5	6	1	2
5	8	1	2	9	6	7	3	4

053

8	5	3	6	1	2	7	4	9
9	2	4	8	7	5	3	1	6
1	6	7	9	3	4	2	5	8
6	4	8	5	2	9	1	3	7
3	9	2	1	4	7	8	6	5
7	1	5	3	8	6	4	9	2
4	3	6	7	5	8	9	2	1
5	7	1	2	9	3	6	8	4
2	8	9	4	6	1	5	7	3

054

6	7		2	9	5		3	
8		3	1		6		7	
1	5		7	8			2	4
						2		
	6	2	5		9	8		7
5		8				9		
7		5	9					
4	9				2	3	8	5
				5	4	7		

055

2			6		9	1	3	4
6				2	8	5	9	
1		7	3		5	6		8
								9
	8	6	9	1		3	4	
	4			8	3			
				3	6	4		
8	2	3	4		7		1	
	6						7	3

056

Aanswer

055

6	7	4	2	9	5	1	3	8
8	2	3	1	4	6	5	7	9
1	5	9	7	8	3	6	2	4
9	1	7	4	6	8	2	5	3
3	6	2	5	1	9	8	4	7
5	4	8	3	2	7	9	1	6
7	8	5	9	3	1	4	6	2
4	9	1	6	7	2	3	8	5
2	3	6	8	5	4	7	9	1

056

2	5	8	6	7	9	1	3	4
6	3	4	1	2	8	5	9	7
1	9	7	3	4	5	6	2	8
3	1	2	5	6	4	7	8	9
7	8	6	9	1	2	3	4	5
5	4	9	7	8	3	2	6	1
9	7	1	8	3	6	4	5	2
8	2	3	4	5	7	9	1	6
4	6	5	2	9	1	8	7	3

2	6	9		1	5		8	
	3	1	8	4			5	
4	5			3	9	7	6	
	9	2	6		1	5		4
1								
			4	9				2
9		7						5
		6		7	2	9	4	8
	2		9	5				

057

	3	4		2	9	1	5	
1	2	6		8		3	7	
7	5			3			4	8
9		1	3					
2			8	4	1	6	9	
	6						3	1
6	1		4		3	7		2
			6				1	4
		7						

058

Aanswer

2	6	9	7	1	5	4	8	3
7	3	1	8	4	6	2	5	9
4	5	8	2	3	9	7	6	1
3	9	2	6	8	1	5	7	4
1	7	4	5	2	3	8	9	6
6	8	5	4	9	7	1	3	2
9	4	7	1	6	8	3	2	5
5	1	6	3	7	2	9	4	8
8	2	3	9	5	4	6	1	7

057

8	3	4	7	2	9	1	5	6
1	2	6	5	8	4	3	7	9
7	5	9	1	3	6	2	4	8
9	4	1	3	6	5	8	2	7
2	7	3	8	4	1	6	9	5
5	6	8	9	7	2	4	3	1
6	1	5	4	9	3	7	8	2
3	8	2	6	5	7	9	1	4
4	9	7	2	1	8	5	6	3

058

Level 1

5								
				3		2	1	
	2	3		1	7		6	5
	4	5	7			1	9	
3	6	2	9			5		7
1	7		6		8	4		2
	3					7	2	
		6	1	9	2	8		3
2		8		7				

059

3	8			2	5	6		7
			8					
6		2				5		
	2	9	6	7			3	1
4		6		9	8		7	
	7	8	5	3	2		4	
2		7		5				
	5	1			3	4	6	2
			2		1	7		

060

Aanswer

059

5	8	1	2	6	9	3	7	4
6	9	7	4	3	5	2	1	8
4	2	3	8	1	7	9	6	5
8	4	5	7	2	3	1	9	6
3	6	2	9	4	1	5	8	7
1	7	9	6	5	8	4	3	2
9	3	4	5	8	6	7	2	1
7	5	6	1	9	2	8	4	3
2	1	8	3	7	4	6	5	9

060

3	8	4	9	2	5	6	1	7
7	9	5	8	1	6	3	2	4
6	1	2	3	4	7	5	9	8
5	2	9	6	7	4	8	3	1
4	3	6	1	9	8	2	7	5
1	7	8	5	3	2	9	4	6
2	6	7	4	5	9	1	8	3
9	5	1	7	8	3	4	6	2
8	4	3	2	6	1	7	5	9

5		8	9		6	1		7
		7	1	2			3	9
		2	3		7	4	6	8
6	2	1	5		4		8	
	7					6	5	
			7	6				4
	4		6	1				
						3		
7	1			8	3		4	6

061

3		6	4		8		9	7
5		4	7	6	1			2
8	2		3	5				4
	7	5	6	1		8	4	
6	8					1		
								6
9		1		7		2	6	8
				9	6	4		
4	6		1					

062

Aanswer

061

5	3	8	9	4	6	1	2	7
4	6	7	1	2	8	5	3	9
1	9	2	3	5	7	4	6	8
6	2	1	5	9	4	7	8	3
9	7	4	8	3	2	6	5	1
8	5	3	7	6	1	2	9	4
3	4	9	6	1	5	8	7	2
2	8	6	4	7	9	3	1	5
7	1	5	2	8	3	9	4	6

062

3	1	6	4	2	8	5	9	7
5	9	4	7	6	1	3	8	2
8	2	7	3	5	9	6	1	4
2	7	5	6	1	3	8	4	9
6	8	9	2	4	7	1	5	3
1	4	3	9	8	5	7	2	6
9	3	1	5	7	4	2	6	8
7	5	2	8	9	6	4	3	1
4	6	8	1	3	2	9	7	5

				2	6		3	
6						2		7
1	2	5	3		7			8
						4		
5	6		4	8			2	3
3				5	2			
		1	6		4	3	8	2
		6		1	5		9	4
	7	8	2		9	5	6	

063

7	5	9	3	6				4
				8	9	3		
8							9	6
	7		8	2		4	3	9
	8			5	7	1		2
	4	6	9	1		8	5	
5		8	2		4	9		3
							2	
3				9	5			

064

Aanswer

063

7	8	4	5	2	6	1	3	9
6	9	3	1	4	8	2	5	7
1	2	5	3	9	7	6	4	8
8	1	2	9	6	3	4	7	5
5	6	7	4	8	1	9	2	3
3	4	9	7	5	2	8	1	6
9	5	1	6	7	4	3	8	2
2	3	6	8	1	5	7	9	4
4	7	8	2	3	9	5	6	1

064

7	5	9	3	6	1	2	8	4
6	2	4	5	8	9	3	7	1
8	3	1	7	4	2	5	9	6
1	7	5	8	2	6	4	3	9
9	8	3	4	5	7	1	6	2
2	4	6	9	1	3	8	5	7
5	6	8	2	7	4	9	1	3
4	9	7	1	3	8	6	2	5
3	1	2	6	9	5	7	4	8

8	4		9	6		1	2	
			1		8	4		
							7	
4			8		2			
	9			4	3	7	8	1
	3	8				2		
9	8	4		2	6			7
2		1		8	5		3	9
5	6		7		1			2

065

6	4		3		8	9		7
	9	2	4			6	1	
5	3	7	1			2		4
				5		7	6	
2								
	7	5		6	4		3	2
7		8		4				
		3	6	1	7	8		5
	5					4	7	

066

Aanswer

065

8	4	5	9	6	7	1	2	3
7	2	9	1	3	8	4	6	5
3	1	6	2	5	4	9	7	8
4	5	7	8	1	2	3	9	6
6	9	2	5	4	3	7	8	1
1	3	8	6	7	9	2	5	4
9	8	4	3	2	6	5	1	7
2	7	1	4	8	5	6	3	9
5	6	3	7	9	1	8	4	2

066

6	4	1	3	2	8	9	5	7
8	9	2	4	7	5	6	1	3
5	3	7	1	9	6	2	8	4
3	1	4	9	5	2	7	6	8
2	8	6	7	3	1	5	4	9
9	7	5	8	6	4	1	3	2
7	6	8	5	4	9	3	2	1
4	2	3	6	1	7	8	9	5
1	5	9	2	8	3	4	7	6

9		6			4			
8	4		7			5	6	2
			8	6		9		
2		5	3		1			9
3	9		6	4	7			5
1	6			2	9		8	7
							5	
	3	7	4		6	2	9	
6		2				4		

067

		2				5	1	
1	8	7	4		5	9		
				1	2			4
	2			7	8	3		6
5	9		1		6		8	2
	7		2		3	1	4	9
						8		
		4		8	1			
2		8	3	9		4		1

068

Aanswer

067

9	2	6	1	5	4	8	7	3
8	4	1	7	9	3	5	6	2
7	5	3	8	6	2	9	1	4
2	7	5	3	8	1	6	4	9
3	9	8	6	4	7	1	2	5
1	6	4	5	2	9	3	8	7
4	1	9	2	3	8	7	5	6
5	3	7	4	1	6	2	9	8
6	8	2	9	7	5	4	3	1

068

6	4	2	7	3	9	5	1	8
1	8	7	4	6	5	9	2	3
9	3	5	8	1	2	6	7	4
4	2	1	9	7	8	3	5	6
5	9	3	1	4	6	7	8	2
8	7	6	2	5	3	1	4	9
7	1	9	6	2	4	8	3	5
3	6	4	5	8	1	2	9	7
2	5	8	3	9	7	4	6	1

9		8			1			
		7	4	9	3	8	2	
	2					1		9
	5	6	1			4		3
4	1		7	8		5	9	
2	7	9	3			6	1	
					2	9		4
	9	2		1	4		6	7
6								

069

7		5	9					
	6					7		9
		8	4	1	7		6	5
	3	2		9		4		1
6	8	7		4			9	2
1	9			8	5		7	3
2								
			6			1		7
	7	6	1		9	8	2	

070

Aanswer

9	4	8	2	5	1	7	3	6
1	6	7	4	9	3	8	2	5
3	2	5	6	7	8	1	4	9
8	5	6	1	2	9	4	7	3
4	1	3	7	8	6	5	9	2
2	7	9	3	4	5	6	1	8
7	3	1	5	6	2	9	8	4
5	9	2	8	1	4	3	6	7
6	8	4	9	3	7	2	5	1

069

7	1	5	9	6	3	2	4	8
4	6	3	5	2	8	7	1	9
9	2	8	4	1	7	3	6	5
5	3	2	7	9	6	4	8	1
6	8	7	3	4	1	5	9	2
1	9	4	2	8	5	6	7	3
2	5	1	8	7	4	9	3	6
8	4	9	6	3	2	1	5	7
3	7	6	1	5	9	8	2	4

070

3			1	7	2	5		
	7				5	2	8	
6				9		1		
	3	9		5	6		7	
					9			5
	5	8	3	2		9		
		3	2		7		5	
	1		5	6				2

071

7				3		5		2
		9			4			6
2	6	3			8			7
9							7	
4		7	9	8		3		
	8	2	5	7				9
	7	4		6			2	
3	2		8			7		

072

Aanswer

071

3	8	4	1	7	2	5	6	9
9	7	1	6	3	5	2	8	4
6	2	5	8	9	4	1	3	7
2	3	9	4	5	6	8	7	1
1	4	6	7	8	9	3	2	5
7	5	8	3	2	1	9	4	6
4	9	3	2	1	7	6	5	8
8	1	7	5	6	3	4	9	2
5	6	2	9	4	8	7	1	3

072

7	4	8	6	3	9	5	1	2
1	5	9	7	2	4	8	3	6
2	6	3	1	5	8	4	9	7
9	3	5	4	1	6	2	7	8
4	1	7	9	8	2	3	6	5
6	8	2	5	7	3	1	4	9
8	7	4	3	6	5	9	2	1
3	2	6	8	9	1	7	5	4
5	9	1	2	4	7	6	8	3

1			3		9	7	5	
	7		6	5		8	3	
		3			7			
	2		7					9
	3		1	2	6			5
8	6				3		1	
3				6	1	5		
		6	9	3			2	

073

1	9		5				8	
	5		9	8	7	2		
	7			6		3		
5			8		9			2
		9		3	5		7	
	6			9	2		5	1
8			3	5			2	6
		5	6					

074

Aanswer

073

1	8	2	3	4	9	7	5	6
4	7	9	6	5	2	8	3	1
6	5	3	8	1	7	9	4	2
5	2	1	7	8	4	3	6	9
9	3	7	1	2	6	4	8	5
8	6	4	5	9	3	2	1	7
3	9	8	2	6	1	5	7	4
2	1	5	4	7	8	6	9	3
7	4	6	9	3	5	1	2	8

074

1	9	4	5	2	3	6	8	7
3	5	6	9	8	7	2	1	4
2	7	8	4	6	1	3	9	5
5	3	1	8	7	9	4	6	2
7	8	2	1	4	6	5	3	9
6	4	9	2	3	5	1	7	8
4	6	3	7	9	2	8	5	1
8	1	7	3	5	4	9	2	6
9	2	5	6	1	8	7	4	3

4			7				6	
2	5	6	1				9	
	9				2	3	5	
7		9			6			5
	2	5		1		9		
	4							9
5		1		3	9		4	
9	7			4	1	2		

075

		1		8	7		4	9
9							7	
	7			9	3	8		5
	6		4					7
	9		8			6	5	1
	5	3		1			9	
		9			8	5	1	
5				6		9		4

076

Aanswer

4	8	3	7	9	5	1	6	2
2	5	6	1	8	3	7	9	4
1	9	7	4	6	2	3	5	8
8	3	4	9	5	7	6	2	1
7	1	9	3	2	6	4	8	5
6	2	5	8	1	4	9	7	3
3	4	2	6	7	8	5	1	9
5	6	1	2	3	9	8	4	7
9	7	8	5	4	1	2	3	6

075

6	3	1	5	8	7	2	4	9
9	8	5	6	2	4	1	7	3
4	7	2	1	9	3	8	6	5
1	6	8	4	5	9	3	2	7
7	9	4	8	3	2	6	5	1
2	5	3	7	1	6	4	9	8
8	1	6	9	4	5	7	3	2
3	4	9	2	7	8	5	1	6
5	2	7	3	6	1	9	8	4

076

		5	7			2	3	9
		9	8			4		
	1	3			2		5	
	5			7			2	3
3					9	8		5
	2			4	7	5	8	
5							4	
		4		1	5	3		7

077

		5		3				8
9				7	4	2		
		1		2		7	3	9
	1				2	9	7	
3			7				2	5
			2			8		
2	4			8			1	7
1	8				9	5		2

078

Aanswer

077

4	8	5	7	6	1	2	3	9
2	7	9	8	5	3	4	6	1
6	1	3	4	9	2	7	5	8
1	5	8	6	7	4	9	2	3
3	4	6	1	2	9	8	7	5
7	9	2	5	3	8	6	1	4
9	2	1	3	4	7	5	8	6
5	3	7	9	8	6	1	4	2
8	6	4	2	1	5	3	9	7

078

7	2	5	9	3	1	6	4	8
9	3	8	6	7	4	2	5	1
4	6	1	8	2	5	7	3	9
5	7	2	1	9	3	4	8	6
8	1	6	4	5	2	9	7	3
3	9	4	7	6	8	1	2	5
6	5	3	2	1	7	8	9	4
2	4	9	5	8	6	3	1	7
1	8	7	3	4	9	5	6	2

Level 1

8		3	6			7		9
4		7			8	2	3	
				7				8
3			7				2	6
		5		2		9	7	
	3				7	6	5	2
		6	4		2			7
	9				5	8		

079

		7	5	2		9		
	2			7	6			1
		5	6		7	3		9
3				9	2	8		7
	7		3					
2		8	7					5
7			2	1	5		9	
1					3		6	

080

Aanswer

079

8	2	3	6	5	4	7	1	9
4	6	7	1	9	8	2	3	5
9	5	1	2	7	3	4	6	8
3	1	8	7	4	9	5	2	6
6	4	5	8	2	1	9	7	3
2	7	9	5	3	6	1	8	4
1	3	4	9	8	7	6	5	2
5	8	6	4	1	2	3	9	7
7	9	2	3	6	5	8	4	1

080

5	9	1	8	3	4	2	7	6
6	8	7	5	2	1	9	4	3
4	2	3	9	7	6	5	8	1
8	1	5	6	4	7	3	2	9
3	6	4	1	9	2	8	5	7
9	7	2	3	5	8	6	1	4
2	4	8	7	6	9	1	3	5
7	3	6	2	1	5	4	9	8
1	5	9	4	8	3	7	6	2

	8		2				5	
9	4	5	7				1	
1					4		9	3
	2	1			5	9		
4		9		7				1
2	1			8	7			4
	9	7		3	1		8	
8						1		

081

7				6	2	9		
		3	5	9			6	
6		8		3	9			1
3		1	2		6		5	
			1			6		
5			6				8	9
	3		9	7	5			6
	2				1			7

082

Aanswer

6	8	3	2	1	9	4	5	7
9	4	5	7	6	3	8	1	2
1	7	2	8	5	4	6	9	3
3	6	8	1	9	2	7	4	5
7	2	1	3	4	5	9	6	8
4	5	9	6	7	8	3	2	1
2	1	6	9	8	7	5	3	4
5	9	7	4	3	1	2	8	6
8	3	4	5	2	6	1	7	9

081

7	8	5	3	6	2	9	1	4
1	4	3	5	9	7	8	6	2
2	6	9	8	1	4	3	7	5
6	5	8	7	3	9	2	4	1
3	9	1	2	4	6	7	5	8
4	7	2	1	5	8	6	9	3
5	1	7	6	2	3	4	8	9
8	3	4	9	7	5	1	2	6
9	2	6	4	8	1	5	3	7

082

Level 1

3				5	7		6	1
	5				6			
		6	1	2			4	5
5			2		3		1	
	2		5	7				8
4		2			5			3
		5	8	3	2	1		
		8		6		7		

083

5	2		1	9			4	
1	8		6		5			2
				2		1		
4				1			8	6
		5	4	6	7			1
		9	2					7
	5			4	6		1	
7			9		1	6		

084

Aanswer

083

3	8	4	9	5	7	2	6	1
2	5	1	3	4	6	8	7	9
9	7	6	1	2	8	3	4	5
5	4	7	2	8	3	9	1	6
6	2	9	5	7	1	4	3	8
8	1	3	6	9	4	5	2	7
4	9	2	7	1	5	6	8	3
7	6	5	8	3	2	1	9	4
1	3	8	4	6	9	7	5	2

084

5	2	6	1	9	3	7	4	8
1	8	4	6	7	5	9	3	2
3	9	7	8	2	4	1	6	5
4	7	2	5	1	9	3	8	6
8	3	5	4	6	7	2	9	1
6	1	9	2	3	8	4	5	7
2	5	3	7	4	6	8	1	9
7	4	8	9	5	1	6	2	3
9	6	1	3	8	2	5	7	4

	4				2	3		1
6			8					9
7			4	9	1			2
	7	8	2		6	4		
					8		2	
	2	3	1	7				8
	9		6	2			1	
		7		1	4	2		

085

3				4			6	
8				2		4	5	7
	5		1	7				2
		8	2			7		5
	4				7	2	3	
					2			6
	2	1		6		8	7	
	8	6	5				2	3

086

Aanswer

085

8	4	9	7	6	2	3	5	1
6	1	2	8	3	5	7	4	9
7	3	5	4	9	1	6	8	2
1	7	8	2	5	6	4	9	3
9	5	6	3	4	8	1	2	7
4	2	3	1	7	9	5	6	8
3	9	4	6	2	7	8	1	5
5	8	7	9	1	4	2	3	6
2	6	1	5	8	3	9	7	4

086

3	7	2	8	4	5	1	6	9
8	1	9	3	2	6	4	5	7
6	5	4	1	7	9	3	8	2
9	6	8	2	3	1	7	4	5
1	4	5	6	9	7	2	3	8
2	3	7	4	5	8	6	9	1
4	9	3	7	8	2	5	1	6
5	2	1	9	6	3	8	7	4
7	8	6	5	1	4	9	2	3

	5	7		1	9	4		
			4				7	
	4	1	3		7			6
1			9	8	6	7		
		6	7			9		5
3					4	8		
		8		7	3		9	
	1		6	9				7

087

	2		1	5			9	
3				9	4			5
		4			6	3		
		2	5	3	1	9		
1			9			5	8	
2	6		4		9		1	
			6					9
9	8			2	5	6		

088

Aanswer

6	5	7	8	1	9	4	3	2
8	3	2	4	6	5	1	7	9
9	4	1	3	2	7	5	8	6
1	2	5	9	8	6	7	4	3
4	8	6	7	3	1	9	2	5
3	7	9	2	5	4	8	6	1
5	6	8	1	7	3	2	9	4
7	9	3	5	4	2	6	1	8
2	1	4	6	9	8	3	5	7

087

6	2	7	1	5	3	4	9	8
4	5	9	8	6	7	1	3	2
3	1	8	2	9	4	7	6	5
5	9	4	7	8	6	3	2	1
8	7	2	5	3	1	9	4	6
1	3	6	9	4	2	5	8	7
2	6	5	4	7	9	8	1	3
7	4	3	6	1	8	2	5	9
9	8	1	3	2	5	6	7	4

088

1				7		9	6	
6	7	5	2				1	
	3		8				5	
	6	2		1	9		3	
3								1
8	1			2	3	7		
7		6			2	1		
	8	1		5				6

089

3				6	9			8
	1			7			2	
6	8	7		3			4	
	6	4		1		9		3
2	3				8	1		4
1			3					
8		6			3	4		
	2	3	6					7

090

Aanswer

089

1	2	8	3	7	5	9	6	4
6	7	5	2	9	4	8	1	3
4	3	9	8	6	1	2	5	7
5	6	2	7	1	9	4	3	8
3	9	7	5	4	8	6	2	1
8	1	4	6	2	3	7	9	5
7	5	6	4	3	2	1	8	9
2	8	1	9	5	7	3	4	6
9	4	3	1	8	6	5	7	2

090

3	4	2	5	6	9	7	1	8
5	1	9	8	7	4	3	2	6
6	8	7	1	3	2	5	4	9
7	6	4	2	1	5	9	8	3
2	3	5	7	9	8	1	6	4
1	9	8	3	4	6	2	7	5
8	7	6	9	2	3	4	5	1
9	5	1	4	8	7	6	3	2
4	2	3	6	5	1	8	9	7

3				8	4		6	5
		5					8	
	8			1	5	4		9
5				4		9	3	
		9			7	5		6
1	9				3		5	
	5		4			7	9	3
	7		6					8

091

		6			2			8
		9			7	4	2	3
	3		1		4	7		
8	9		3			6		7
				7		8		
1	7				8		9	4
9			7			3	4	
	2			4			7	6

092

Aanswer

091

3	1	7	9	8	4	2	6	5
9	4	5	7	6	2	3	8	1
2	8	6	3	1	5	4	7	9
7	3	4	5	9	6	8	1	2
5	6	1	2	4	8	9	3	7
8	2	9	1	3	7	5	4	6
1	9	2	8	7	3	6	5	4
6	5	8	4	2	1	7	9	3
4	7	3	6	5	9	1	2	8

092

7	4	6	9	3	2	5	1	8
5	1	9	6	8	7	4	2	3
2	3	8	1	5	4	7	6	9
8	9	4	3	2	1	6	5	7
6	5	2	4	7	9	8	3	1
1	7	3	5	6	8	2	9	4
9	8	5	7	1	6	3	4	2
3	2	1	8	4	5	9	7	6
4	6	7	2	9	3	1	8	5

	4		7		5		6	
8					9	3		
1					6	4	5	9
	9			5		8		6
		1	6				4	5
				6			3	
	6	7			3	5		1
	1	3	4			6	8	

093

		4		8	7		5	2
	1			2	4	6	8	
8						4		
		8	2			5	1	9
	7	5		1		8		
		9	6				4	
5				9			6	8
	8				2	1		5

094

Aanswer

093

3	4	9	7	2	5	1	6	8
8	5	6	1	4	9	3	2	7
1	7	2	8	3	6	4	5	9
7	9	4	3	5	2	8	1	6
6	8	5	9	1	4	2	7	3
2	3	1	6	7	8	9	4	5
9	2	8	5	6	1	7	3	4
4	6	7	2	8	3	5	9	1
5	1	3	4	9	7	6	8	2

094

6	3	4	1	8	7	9	5	2
9	1	7	5	2	4	6	8	3
8	5	2	9	3	6	4	7	1
4	6	8	2	7	3	5	1	9
3	7	5	4	1	9	8	2	6
1	2	9	6	5	8	3	4	7
5	4	3	7	9	1	2	6	8
7	8	6	3	4	2	1	9	5
2	9	1	8	6	5	7	3	4

3			7	6	9	4		
1					5	6		
		9	4			7		8
	3		9	7				4
		6		4	1		7	
	8	4		3	7	5		
			5				4	
	5	3	1		4			9

095

9			2	8			3	
		1	3			9	2	5
		6	5			4		
3	8		4			2		1
1	4			9		3	6	
					3		4	
5					2	6		3
	1			3			9	2

096

Aanswer

095

3	2	8	7	6	9	4	5	1
1	4	7	2	8	5	6	9	3
5	6	9	4	1	3	7	2	8
4	7	1	8	5	2	9	3	6
2	3	5	9	7	6	1	8	4
8	9	6	3	4	1	2	7	5
9	8	4	6	3	7	5	1	2
6	1	2	5	9	8	3	4	7
7	5	3	1	2	4	8	6	9

096

9	5	4	2	8	7	1	3	6
8	7	1	3	6	4	9	2	5
2	3	6	5	1	9	4	7	8
3	8	9	4	7	6	2	5	1
1	4	2	8	9	5	3	6	7
7	6	5	1	2	3	8	4	9
5	9	8	7	4	2	6	1	3
4	1	7	6	3	8	5	9	2
6	2	3	9	5	1	7	8	4

Level 1

6					1	2		5
		2	7			6	4	
	6			1		7	5	2
	7			4			3	
9	2		5					6
		6						3
5			1		3		6	4
	3		6		9	1	2	

097

	6			3		9	1	
9					4	6		5
		3	1				7	
		9	4			3	5	6
8		6		5				9
5				4	7		9	1
	9							7
		7		9	8	4	6	

098

Aanswer

097

6	4	9	3	8	1	2	7	5
3	8	2	7	9	5	6	4	1
7	5	1	4	6	2	3	8	9
4	6	3	9	1	8	7	5	2
1	7	5	2	4	6	9	3	8
9	2	8	5	3	7	4	1	6
2	1	6	8	7	4	5	9	3
5	9	7	1	2	3	8	6	4
8	3	4	6	5	9	1	2	7

098

7	6	2	8	3	5	9	1	4
9	8	1	2	7	4	6	3	5
3	4	5	9	1	6	7	2	8
4	5	3	1	6	9	8	7	2
1	7	9	4	8	2	3	5	6
8	2	6	7	5	3	1	4	9
5	3	8	6	4	7	2	9	1
6	9	4	3	2	1	5	8	7
2	1	7	5	9	8	4	6	3

		8	7	6	1			9
3		6		8			7	
		1	2					5
	6		5		8		1	
8				7	6	9		
		2	6		9	3	8	
7			8	5		2	9	
	8			2				

099

		3		7				9
8			1			5		2
		4	2	8	9			1
1	5			2	4			7
			7				1	
4	7		3	1		8		
	4		8		2	1		
9				3	1		2	

100

Aanswer

099

5	2	8	7	6	1	4	3	9
3	4	6	9	8	5	1	7	2
9	7	1	2	4	3	8	6	5
2	6	4	5	9	8	7	1	3
8	3	5	1	7	6	9	2	4
1	9	7	4	3	2	6	5	8
4	5	2	6	1	9	3	8	7
7	1	3	8	5	4	2	9	6
6	8	9	3	2	7	5	4	1

100

2	1	3	6	7	5	4	8	9
8	9	7	1	4	3	5	6	2
5	6	4	2	8	9	3	7	1
1	5	8	9	2	4	6	3	7
6	3	9	7	5	8	2	1	4
4	7	2	3	1	6	8	9	5
7	4	6	8	9	2	1	5	3
3	2	1	5	6	7	9	4	8
9	8	5	4	3	1	7	2	6

	7			2	4		9	
1			5	9				2
	5		2			9		6
		1	9	7	5	2		
		4			8	7		
			8				2	
8	1		4		2			5
6	2			1	9	8		

101

2	1				6		7	
	6	4		1		3		
5				6				
4		6			2	7	5	
	7	1	5			6	9	
1	3	2	6					7
6			1		9	2		
		5	3					4

102

Aanswer

101

5	7	6	1	2	4	3	9	8
9	4	2	6	8	3	5	1	7
1	8	3	5	9	7	4	6	2
7	5	8	2	4	1	9	3	6
3	6	1	9	7	5	2	8	4
2	9	4	3	6	8	7	5	1
4	3	7	8	5	6	1	2	9
8	1	9	4	3	2	6	7	5
6	2	5	7	1	9	8	4	3

102

2	1	3	4	9	6	5	7	8
7	6	4	8	1	5	3	2	9
9	5	8	2	7	3	4	1	6
5	2	9	7	6	1	8	4	3
4	8	6	9	3	2	7	5	1
3	7	1	5	4	8	6	9	2
1	3	2	6	5	4	9	8	7
6	4	7	1	8	9	2	3	5
8	9	5	3	2	7	1	6	4

8			1		6		4	
		3		5	4	6		
		1	4				9	6
	5			2				3
	8		6	1	3			4
2		8	5	4			1	
			2			4		
9		4		6	8			2

103

	9				7	2		8
		8	6				1	9
7				2		5		
8				6		1	9	7
9		3			1		8	
	8						5	
5			3		8	9		6
		1	5		6	8	2	

104

Aanswer

103

6	4	5	9	7	2	8	3	1
8	7	2	1	3	6	9	4	5
1	9	3	8	5	4	6	2	7
3	2	1	4	8	5	7	9	6
4	5	6	7	2	9	1	8	3
7	8	9	6	1	3	2	5	4
2	6	8	5	4	7	3	1	9
5	3	7	2	9	1	4	6	8
9	1	4	3	6	8	5	7	2

104

4	9	5	1	3	7	2	6	8
2	3	8	6	4	5	7	1	9
1	6	7	9	8	2	4	3	5
7	1	6	8	2	9	5	4	3
8	5	2	4	6	3	1	9	7
9	4	3	7	5	1	6	8	2
6	8	9	2	7	4	3	5	1
5	2	4	3	1	8	9	7	6
3	7	1	5	9	6	8	2	4

	6			2		7		
4	9		8					3
	8		9	3	6	5		
	2			9	5		4	8
		8	2					
3			7	8			2	5
8			3		9		5	
		9		7	8			6

105

6		7	3				5	
	9	3		7		2		
7	6	2			3			5
3			8		7	6		
	1				2			9
9	3		6			5	1	
1				3				
	7	5			1	3	8	

106

Aanswer

5	6	3	1	2	4	7	8	9
4	9	1	8	5	7	2	6	3
7	8	2	9	3	6	5	1	4
1	2	7	6	9	5	3	4	8
9	5	8	2	4	3	6	7	1
3	4	6	7	8	1	9	2	5
8	7	4	3	6	9	1	5	2
6	3	5	4	1	2	8	9	7
2	1	9	5	7	8	4	3	6

105

6	2	7	3	8	9	1	5	4
8	4	1	2	5	6	9	7	3
5	9	3	1	7	4	2	6	8
7	6	2	9	1	3	8	4	5
3	5	9	8	4	7	6	2	1
4	1	8	5	6	2	7	3	9
9	3	4	6	2	8	5	1	7
1	8	6	7	3	5	4	9	2
2	7	5	4	9	1	3	8	6

106

2					6	8		3
		7		3			1	6
	7		3			1	6	2
	8		2			9		
1			6	4			3	
					3		9	
3		4	9			6		7
7		9		1		3	8	

107

6				2	8			9
	2		5	6		7		
8			6		5	9		1
	6				1			
		1	2	9		6		3
3		2			6	8		
		7	1				5	
		6	8	7	2		9	

108

Aanswer

107

2	4	1	5	9	6	8	7	3
9	5	7	8	3	4	2	1	6
8	3	6	1	2	7	5	4	9
4	7	5	3	8	9	1	6	2
6	8	3	2	7	1	9	5	4
1	9	2	6	4	5	7	3	8
5	2	8	7	6	3	4	9	1
3	1	4	9	5	8	6	2	7
7	6	9	4	1	2	3	8	5

108

6	3	5	7	2	8	1	4	9
1	2	4	5	6	9	7	3	8
7	9	8	4	1	3	5	6	2
8	7	3	6	4	5	9	2	1
2	6	9	3	8	1	4	7	5
4	5	1	2	9	7	6	8	3
3	4	2	9	5	6	8	1	7
9	8	7	1	3	4	2	5	6
5	1	6	8	7	2	3	9	4

	3			9				6
	1		8	7	3			4
	8	2	1			7		
		1	7		8		4	
8				6	1	3		
1			9					
	9			8	4	1	2	
		7	6	1		4	9	

109

4				1	2		9	
		2	6		4	7		
1			4	6		9	5	
	5		2		9	4	3	
		4		5				
	7		5					6
	4		1	2	7			9
3	2			4		1		

110

Aanswer

7	3	4	5	9	2	8	1	6
9	1	6	8	7	3	2	5	4
5	8	2	1	4	6	7	3	9
2	6	1	7	3	8	9	4	5
4	7	3	2	5	9	6	8	1
8	5	9	4	6	1	3	7	2
1	4	8	9	2	7	5	6	3
6	9	5	3	8	4	1	2	7
3	2	7	6	1	5	4	9	8

109

4	6	3	7	1	2	5	9	8
7	1	9	8	3	5	6	2	4
5	8	2	6	9	4	7	1	3
1	3	7	4	6	8	9	5	2
8	5	6	2	7	9	4	3	1
2	9	4	3	5	1	8	6	7
9	7	1	5	8	3	2	4	6
6	4	5	1	2	7	3	8	9
3	2	8	9	4	6	1	7	5

110

9	5	4			1		7	
	7			4		3	5	
		8			6		9	
1		5	3	7			8	
	8							7
	6	7	8	1		4		
5	4		1			7		
7		6		9				5

111

	5				3	7	2	
		2		6			5	8
		5				4		
4				5	9		3	2
	7			3	4	8		5
5			3			2	6	7
6			8					4
2	9			7		5		

112

Aanswer

111

9	5	4	2	3	1	6	7	8
6	7	1	9	4	8	3	5	2
3	2	8	7	5	6	1	9	4
1	9	5	3	7	4	2	8	6
4	8	3	6	2	9	5	1	7
2	6	7	8	1	5	4	3	9
8	3	2	5	6	7	9	4	1
5	4	9	1	8	2	7	6	3
7	1	6	4	9	3	8	2	5

112

8	5	9	1	4	3	7	2	6
1	4	2	9	6	7	3	5	8
7	6	3	5	8	2	9	4	1
3	2	5	6	1	8	4	7	9
4	1	8	7	5	9	6	3	2
9	7	6	2	3	4	8	1	5
5	8	4	3	9	1	2	6	7
6	3	7	8	2	5	1	9	4
2	9	1	4	7	6	5	8	3

	5			8		9	1	
4	1	8			3		5	
		6			2		4	
1	8		3			5		
5		2		4				1
	2	5	6	3		8		
	6							5
3		1	9	5			6	

113

	2	4			5	7	8	
			8			2		
	9	8		2			1	4
7				6			2	
4				8		1	5	6
		5		1	9	8		
	4				8	5		1
		6	1				7	8

114

Aanswer

113

2	5	3	4	8	6	9	1	7
4	1	8	7	9	3	2	5	6
9	7	6	5	1	2	3	4	8
1	8	4	3	6	7	5	2	9
5	3	2	8	4	9	6	7	1
6	9	7	1	2	5	4	8	3
7	2	5	6	3	1	8	9	4
8	6	9	2	7	4	1	3	5
3	4	1	9	5	8	7	6	2

114

1	2	4	6	9	5	7	8	3
6	7	3	8	4	1	2	9	5
5	9	8	7	2	3	6	1	4
7	8	1	5	6	4	3	2	9
4	3	9	2	8	7	1	5	6
2	6	5	3	1	9	8	4	7
3	4	2	9	7	8	5	6	1
9	5	6	1	3	2	4	7	8
8	1	7	4	5	6	9	3	2

	9			3		4		7
4			5			9	6	
		5			6		8	
	2	4	7					9
		9			3	5	7	4
		8	9	2		3	4	
9								8
	7		3	8			9	6

115

	8	9	4			2		
3	2				7		8	
9	7	8		4				2
5				3				7
		2			9	6		8
8	4		6		2			5
		5					2	
2		3	5		4	9		

116

Aanswer

2	9	6	8	3	1	4	5	7
4	8	1	5	7	2	9	6	3
3	5	7	6	4	9	8	1	2
7	3	5	4	9	6	2	8	1
1	2	4	7	5	8	6	3	9
8	6	9	2	1	3	5	7	4
6	1	8	9	2	7	3	4	5
9	4	3	1	6	5	7	2	8
5	7	2	3	8	4	1	9	6

115

7	8	9	4	1	5	2	6	3
1	5	6	8	2	3	7	4	9
3	2	4	9	6	7	5	8	1
9	7	8	1	4	6	3	5	2
5	6	1	2	3	8	4	9	7
4	3	2	7	5	9	6	1	8
8	4	7	6	9	2	1	3	5
6	9	5	3	7	1	8	2	4
2	1	3	5	8	4	9	7	6

116

			7					8
8	1			2	3		7	
3	7		9	8		5		
	3		5		2	8		
4				9	8			2
5			8			1	2	
		9		7			4	
		3	2	5	4		8	

117

		5	1			7		
9		4			6		2	
		2	3			6	4	5
2				3			6	4
	4				5	1		2
	2						7	
		7		9	2	4		3
6				7	3	2	1	

118

Aanswer

6	9	4	7	1	5	2	3	8
8	1	5	4	2	3	6	7	9
3	7	2	9	8	6	5	1	4
7	3	6	5	4	2	8	9	1
9	2	8	1	6	7	4	5	3
4	5	1	3	9	8	7	6	2
5	4	7	8	3	9	1	2	6
2	8	9	6	7	1	3	4	5
1	6	3	2	5	4	9	8	7

117

3	6	5	1	2	4	7	8	9
9	8	4	7	5	6	3	2	1
1	7	2	3	8	9	6	4	5
5	3	6	2	4	1	8	9	7
2	9	1	8	3	7	5	6	4
7	4	8	9	6	5	1	3	2
4	2	3	5	1	8	9	7	6
8	1	7	6	9	2	4	5	3
6	5	9	4	7	3	2	1	8

118

4			6	7		9		
		7		4	5			2
		4	8					
6			5		4	8		9
	8			9	7	1		4
	2				8		5	
1	7		4					6
	4		7	2	6		9	

119

3			7	6			1	2
	2			4	1		6	9
		6	2					
	6		4	3	8	1		
9	4		6				3	
	8			2		7		
6			3		4			1
		4		7	6		8	

120

Aanswer

119

2	6	9	1	8	3	7	4	5
4	5	1	6	7	2	9	3	8
8	3	7	9	4	5	6	1	2
7	9	4	8	6	1	5	2	3
6	1	2	5	3	4	8	7	9
3	8	5	2	9	7	1	6	4
9	2	6	3	1	8	4	5	7
1	7	3	4	5	9	2	8	6
5	4	8	7	2	6	3	9	1

120

3	9	8	7	6	5	4	1	2
5	2	7	8	4	1	3	6	9
4	1	6	2	9	3	8	5	7
7	6	2	4	3	8	1	9	5
9	4	5	6	1	7	2	3	8
1	8	3	5	2	9	7	4	6
8	3	1	9	5	2	6	7	4
6	7	9	3	8	4	5	2	1
2	5	4	1	7	6	9	8	3

Level 1

9	6				5	3	1	
				6				5
5	1		4			6		8
	4		9		3			6
		1			6	4	7	3
		8			7	5		
	7			3		8	6	
1			6				3	4

121

4		5		6		3	1	
	6				3			
	9	3	8			4	6	
2	5	8		3				4
	3		1	5		8		
		6		2				9
5	8		3				4	
3		9			5	2		

122

Aanswer

9	6	4	2	8	5	3	1	7
8	2	7	3	6	1	9	4	5
5	1	3	4	7	9	6	2	8
7	4	5	9	2	3	1	8	6
2	9	1	8	5	6	4	7	3
6	3	8	1	4	7	5	9	2
3	8	6	7	1	4	2	5	9
4	7	9	5	3	2	8	6	1
1	5	2	6	9	8	7	3	4

121

4	2	5	7	6	9	3	1	8
8	6	1	5	4	3	7	9	2
7	9	3	8	1	2	4	6	5
2	5	8	9	3	6	1	7	4
9	3	4	1	5	7	8	2	6
1	7	6	4	2	8	5	3	9
5	8	2	3	9	1	6	4	7
6	1	7	2	8	4	9	5	3
3	4	9	6	7	5	2	8	1

122

					5			6
6	1			4			5	2
9	5		6			1	7	
1				5		7		4
	8				7	5	2	
		2	8				6	
		1	5			8	4	7
	4		7	9				5

123

5		9				6		
7					4		1	
3			5	7	6		2	
	5			3	1	7		
		3	6	5				2
		6	1		3	2		4
4				2	5	3		9
	3		4					

124

Aanswer

123

2	3	8	1	7	5	4	9	6
6	1	7	9	4	8	3	5	2
9	5	4	6	3	2	1	7	8
7	2	5	4	8	1	6	3	9
1	6	3	2	5	9	7	8	4
4	8	9	3	6	7	5	2	1
5	7	2	8	1	4	9	6	3
3	9	1	5	2	6	8	4	7
8	4	6	7	9	3	2	1	5

124

5	8	9	3	1	2	6	4	7
7	6	2	8	9	4	5	1	3
3	4	1	5	7	6	9	2	8
6	2	7	9	4	8	1	3	5
8	5	4	2	3	1	7	9	6
1	9	3	6	5	7	4	8	2
9	7	6	1	8	3	2	5	4
4	1	8	7	2	5	3	6	9
2	3	5	4	6	9	8	7	1

	8			3		4	7	
6			8	7	1		3	
2			5				1	
	1		2		3			7
		6		8	7	3		
	3	4	7		6		5	
				5				3
	6	5	3	2		8		

125

		7		3		8		1
	5		7	8	6	3		
	2		4			6		
		6	2		3		8	
5				7	8			3
4		5	3	2				7
				4			3	
1		3	8		5	4		

126

Aanswer

125

5	8	1	6	3	2	4	7	9
6	4	9	8	7	1	2	3	5
2	7	3	5	9	4	6	1	8
3	2	7	9	4	5	1	8	6
4	1	8	2	6	3	5	9	7
9	5	6	1	8	7	3	2	4
8	3	4	7	1	6	9	5	2
1	9	2	4	5	8	7	6	3
7	6	5	3	2	9	8	4	1

126

6	4	7	5	3	2	8	9	1
9	5	1	7	8	6	3	4	2
3	2	8	4	9	1	6	7	5
7	1	6	2	5	3	9	8	4
8	3	2	9	1	4	7	5	6
5	9	4	6	7	8	2	1	3
4	8	5	3	2	9	1	6	7
2	6	9	1	4	7	5	3	8
1	7	3	8	6	5	4	2	9

2	1	7			8			6
	9				7			5
8			3		2		1	
	2	6			9	3	8	
9				8				
5	8		1			9	6	
1		2	8			6		
	5	8		2			7	

127

	4				7	5		8
		5	1			4	6	
5				1		7	4	6
4		2			6		5	
7				8				9
	5						9	
9			2		5	1		4
		6	9		1		8	5

128

Aanswer

127

2	1	7	5	9	8	4	3	6
4	9	3	6	1	7	8	2	5
8	6	5	3	4	2	7	1	9
7	2	6	4	5	9	3	8	1
9	3	1	2	8	6	5	4	7
5	8	4	1	7	3	9	6	2
1	7	2	8	3	5	6	9	4
6	5	8	9	2	4	1	7	3
3	4	9	7	6	1	2	5	8

128

3	4	9	6	2	7	5	1	8
8	2	5	1	3	9	4	6	7
6	1	7	4	5	8	9	2	3
5	9	8	3	1	2	7	4	6
4	3	2	7	9	6	8	5	1
7	6	1	5	8	4	2	3	9
1	5	4	8	7	3	6	9	2
9	8	3	2	6	5	1	7	4
2	7	6	9	4	1	3	8	5

Level 1

	4	9		1	5			2
8	5			2	9		3	
2						5		
	8	5			7	4		
3		4		9			5	
4	3	7	9					5
	2		8					7
5					3		1	4

129

	8	7		9	3	2		
	5	3	7		1			8
				8			3	
7			4	1	2			3
9					8			4
		2		3		5		1
		4	3		9		1	
	7		1	2		3		

130

Aanswer

129

7	4	9	3	1	5	8	6	2
8	5	6	4	2	9	7	3	1
2	1	3	7	8	6	5	4	9
1	6	2	5	4	8	9	7	3
9	8	5	1	3	7	4	2	6
3	7	4	6	9	2	1	5	8
4	3	7	9	6	1	2	8	5
6	2	1	8	5	4	3	9	7
5	9	8	2	7	3	6	1	4

130

1	8	7	6	9	3	2	4	5
2	5	3	7	4	1	6	9	8
4	9	6	2	8	5	1	3	7
7	6	5	4	1	2	9	8	3
9	3	1	5	6	8	7	2	4
8	4	2	9	3	7	5	6	1
5	2	4	3	7	9	8	1	6
3	1	9	8	5	6	4	7	2
6	7	8	1	2	4	3	5	9

	8		3		1			4
7			4	5			3	
		8	7	1	3	4		
1					4	3		2
		5		6		7		
4	2		8	3		6		
8	6			4	5			1
					6		4	

131

3		8			9	7		
7	6		2				3	
9	3		7		4			1
	7	6	9		1	8		
		1					7	
2	8	3		9				7
	1			6				2
		7	8			4		3

132

Aanswer

131

6	8	9	3	7	1	5	2	4
7	1	2	4	5	8	9	3	6
5	3	4	6	9	2	1	8	7
2	9	8	7	1	3	4	6	5
1	7	6	5	8	4	3	9	2
3	4	5	2	6	9	7	1	8
4	2	1	8	3	7	6	5	9
8	6	3	9	4	5	2	7	1
9	5	7	1	2	6	8	4	3

132

3	2	8	1	5	9	7	4	6
7	6	9	2	4	8	1	3	5
1	5	4	6	7	3	2	9	8
9	3	2	7	8	4	5	6	1
5	7	6	9	3	1	8	2	4
8	4	1	5	2	6	3	7	9
2	8	3	4	9	5	6	1	7
4	1	5	3	6	7	9	8	2
6	9	7	8	1	2	4	5	3

8				5	1			6
	9		2		6	1		
		2	7				9	
	5			6			1	4
		8	5	1	9		6	
				7		6		
7	8		6	2				5
4	6		1		8		7	

133

		7	3			4	2	
9	3	4			1	7		
	8				6	9		
4		3		1			7	
7	6		9					4
		8						7
	7	6	1	8			3	
1	4		7	2		8		

134

Aanswer

133

1	2	6	3	4	7	8	5	9
8	7	3	9	5	1	4	2	6
5	9	4	2	8	6	1	3	7
6	1	2	7	3	4	5	9	8
9	5	7	8	6	2	3	1	4
3	4	8	5	1	9	7	6	2
2	3	9	4	7	5	6	8	1
7	8	1	6	2	3	9	4	5
4	6	5	1	9	8	2	7	3

134

6	1	7	3	9	8	4	2	5
9	3	4	2	5	1	7	6	8
2	8	5	4	7	6	9	1	3
8	5	2	6	4	7	3	9	1
4	9	3	8	1	5	6	7	2
7	6	1	9	3	2	5	8	4
3	2	8	5	6	9	1	4	7
5	7	6	1	8	4	2	3	9
1	4	9	7	2	3	8	5	6

2			3	7	4	5		
7					6	9		
3		1	2				4	
6				5	3		2	1
	2		6					
		4	9		2		5	6
		2	4	3				5
	3			2	9		7	

135

1		7			8	2		5
2		8	9				3	1
				1			8	
		2	1			5	9	
4				5		1		3
	2				1	4	5	9
	3				4			8
9			7		5		1	

136

Aanswer

135

2	6	9	3	7	4	5	1	8
7	4	5	8	1	6	9	3	2
3	8	1	2	9	5	6	4	7
6	9	8	7	5	3	4	2	1
5	2	3	6	4	1	7	8	9
1	7	4	9	8	2	3	5	6
9	1	2	4	3	7	8	6	5
8	3	6	5	2	9	1	7	4
4	5	7	1	6	8	2	9	3

136

1	9	7	6	3	8	2	4	5
2	5	8	9	4	7	6	3	1
6	4	3	5	1	2	9	8	7
8	6	2	1	7	3	5	9	4
3	1	5	4	2	9	8	7	6
4	7	9	8	5	6	1	2	3
7	2	6	3	8	1	4	5	9
5	3	1	2	9	4	7	6	8
9	8	4	7	6	5	3	1	2

	4	7	6	9			5	
3		9	5	4				1
5						9		
	9	3		2		7		
1	7		4					9
		5			3		2	
7	2	1			4		9	
9				1			7	6

137

9	4			3			6	
	3	8	4					2
3				5	4			9
		7			2	8		
4	2	9			3	6		
8		3		9			7	6
	6	4			7		5	3
7			3					

138

Aanswer

137

2	4	7	6	9	1	3	5	8
3	8	9	5	4	7	2	6	1
5	1	6	3	8	2	9	4	7
4	9	3	1	2	6	7	8	5
1	7	2	4	5	8	6	3	9
6	5	8	7	3	9	4	1	2
8	6	5	9	7	3	1	2	4
7	2	1	8	6	4	5	9	3
9	3	4	2	1	5	8	7	6

138

5	7	1	6	2	9	3	4	8
9	4	2	5	3	8	1	6	7
6	3	8	4	7	1	5	9	2
3	8	6	1	5	4	7	2	9
1	5	7	9	6	2	8	3	4
4	2	9	7	8	3	6	1	5
8	1	3	2	9	5	4	7	6
2	6	4	8	1	7	9	5	3
7	9	5	3	4	6	2	8	1

		3	9	7		1	4	
	9		2	1		8		7
1							9	
	1				7	3	8	5
	5				4	9		
	8	2		3			1	
8				5		4		1
		1	7				3	8

139

	1			7	8		6	
		5			2			9
2	8	6			1			4
1		9	8				2	
8	6			1		4		
	5		1					
4		8			5	7	1	
	9	1		6		5	4	

140

Aanswer

5	2	3	9	7	8	1	4	6
4	9	6	2	1	3	8	5	7
1	7	8	4	6	5	2	9	3
9	1	4	6	2	7	3	8	5
3	5	7	1	8	4	9	6	2
6	8	2	5	3	9	7	1	4
7	3	5	8	4	1	6	2	9
8	6	9	3	5	2	4	7	1
2	4	1	7	9	6	5	3	8

139

9	1	4	3	7	8	2	6	5
7	3	5	6	4	2	1	8	9
2	8	6	5	9	1	3	7	4
5	7	3	4	2	6	8	9	1
1	4	9	8	5	3	6	2	7
8	6	2	7	1	9	4	5	3
6	5	7	1	8	4	9	3	2
4	2	8	9	3	5	7	1	6
3	9	1	2	6	7	5	4	8

140

		7		3			8	6
5					6	4		3
		4	3		2	6		
	8		7				9	
	5		6			3	4	7
				6		9		
2		6	9				3	5
9		5			4	8	6	

141

	4		3	2			7	
1			6					8
7	3	6	4					9
	1				4			
3		9	1			2	4	
4	8			7		1	9	
	7	3		4		9		
8		4			3		6	

142

Aanswer

141

3	6	8	4	5	7	2	1	9
4	2	7	1	3	9	5	8	6
5	1	9	8	2	6	4	7	3
7	9	4	3	1	2	6	5	8
6	8	3	7	4	5	1	9	2
1	5	2	6	9	8	3	4	7
8	7	1	5	6	3	9	2	4
2	4	6	9	8	1	7	3	5
9	3	5	2	7	4	8	6	1

142

9	4	8	3	2	5	6	7	1
1	5	2	6	9	7	4	3	8
7	3	6	4	8	1	5	2	9
2	1	7	9	3	4	8	5	6
3	6	9	1	5	8	2	4	7
4	8	5	2	7	6	1	9	3
6	7	3	8	4	2	9	1	5
8	9	4	5	1	3	7	6	2
5	2	1	7	6	9	3	8	4

2			5					8
9			4	7	2			1
7	6			9			4	
5			7		1	6	9	
	4		9	8		5	1	
		9		5				
	9			4	7	1		
		7	8		9		2	

143

	5	8	2	4			6	
7	2		8	6		1		
6								2
1		5		8		2		
	7	2	3					5
2			1			4	5	
5	1	3			8		2	
	6				7		3	

144

Aanswer

2	1	4	5	3	6	9	7	8
9	8	5	4	7	2	3	6	1
7	6	3	1	9	8	2	4	5
5	3	8	7	2	1	6	9	4
6	4	2	9	8	3	5	1	7
1	7	9	6	5	4	8	3	2
8	9	6	2	4	7	1	5	3
3	5	7	8	1	9	4	2	6
4	2	1	3	6	5	7	8	9

143

3	5	8	2	4	1	9	6	7
7	2	9	8	6	5	1	4	3
6	4	1	9	7	3	5	8	2
1	3	5	6	8	9	2	7	4
8	7	2	3	1	4	6	9	5
4	9	6	7	5	2	3	1	8
2	8	7	1	3	6	4	5	9
5	1	3	4	9	8	7	2	6
9	6	4	5	2	7	8	3	1

144

		2				1		
7			4		1	9		2
	1		2		3		4	5
3	5		7			2		
	6			9				1
	2			4		5	6	7
		5	6				2	9
2					4	7	5	

145

		7	3	8				4
	3		7		2	5		
5					9		2	
7			5	3	8		4	
3		6		7		8		
	7			9				
9			4		3	7		6
		8		2	7	4		9

146

Aanswer

145

5	4	2	8	6	9	1	7	3
7	3	6	4	5	1	9	8	2
8	1	9	2	7	3	6	4	5
3	5	8	7	1	6	2	9	4
4	6	7	5	9	2	8	3	1
9	2	1	3	4	8	5	6	7
1	8	5	6	3	7	4	2	9
6	7	4	9	2	5	3	1	8
2	9	3	1	8	4	7	5	6

146

2	6	7	3	8	5	9	1	4
1	3	9	7	4	2	5	6	8
8	4	5	9	6	1	2	7	3
5	8	4	6	1	9	3	2	7
7	9	2	5	3	8	6	4	1
3	1	6	2	7	4	8	9	5
4	7	3	8	9	6	1	5	2
9	2	1	4	5	3	7	8	6
6	5	8	1	2	7	4	3	9

2			5					4
7	5	9	1					8
		1	9	3		7		
4	1				9	5		
	9	7		1			8	
9	8		2			1	3	
1		4		7		8	2	
		2			1			

147

2	4				3		1	8
	1	7		6			2	3
		3	1					
4		6		1				2
1	7		4				9	
9	6	4			1	2		
	3				9	7		
		1		8	4		6	

148

Aanswer

147

2	3	6	5	8	7	9	1	4
7	5	9	1	4	2	3	6	8
8	4	1	9	3	6	7	5	2
4	1	8	6	2	9	5	7	3
5	9	7	4	1	3	2	8	6
6	2	3	7	5	8	4	9	1
9	8	5	2	6	4	1	3	7
1	6	4	3	7	5	8	2	9
3	7	2	8	9	1	6	4	5

148

2	4	9	7	5	3	6	1	8
5	1	7	9	6	8	4	2	3
6	8	3	1	4	2	9	5	7
4	9	6	8	1	7	5	3	2
3	5	8	2	9	6	1	7	4
1	7	2	4	3	5	8	9	6
9	6	4	3	7	1	2	8	5
8	3	5	6	2	9	7	4	1
7	2	1	5	8	4	3	6	9

		8	9		4		1	
2				5	1	4		
				3			4	
3		2	4	9		5		
6		4	1		2			3
	9		3					8
		5		4		6		1
	2		5	1	8			4

149

	9		5	3			8	
		1		4		7		
4	3	8		9		2		
2		3		1			9	5
	7	9	8				2	1
	1				9			
3	8		9					2
9		7			3		4	

150

Aanswer

149

1	4	9	7	6	3	8	2	5
5	6	8	9	2	4	3	1	7
2	7	3	8	5	1	4	6	9
9	8	7	6	3	5	1	4	2
3	1	2	4	9	7	5	8	6
6	5	4	1	8	2	7	9	3
4	9	1	3	7	6	2	5	8
8	3	5	2	4	9	6	7	1
7	2	6	5	1	8	9	3	4

150

7	9	2	5	3	6	1	8	4
5	6	1	2	4	8	7	3	9
4	3	8	7	9	1	2	5	6
2	4	3	6	1	7	8	9	5
6	7	9	8	5	4	3	2	1
8	1	5	3	2	9	4	6	7
1	5	6	4	8	2	9	7	3
3	8	4	9	7	5	6	1	2
9	2	7	1	6	3	5	4	8

Level
2

	1			5				3
		7			1	5	4	
9			3					
				9	6	3		
2	5			8	7	9		4
4				3	5		7	1
				1				
6							3	
7			6	4	8	2		5

151

		3	5	7		8	4	
	7		2					3
8						9		
5			7	8	2			4
		7	4		3		9	
					5	2	8	
1					7		3	
4	3	8				7		9
7	2	9	8	3			5	

152

Aanswer

8	1	6	9	5	4	7	2	3
3	2	7	8	6	1	5	4	9
9	4	5	3	7	2	6	1	8
1	7	8	4	9	6	3	5	2
2	5	3	1	8	7	9	6	4
4	6	9	2	3	5	8	7	1
5	9	2	7	1	3	4	8	6
6	8	4	5	2	9	1	3	7
7	3	1	6	4	8	2	9	5

151

6	1	3	5	7	9	8	4	2
9	7	5	2	4	8	6	1	3
8	4	2	3	1	6	9	7	5
5	9	1	7	8	2	3	6	4
2	8	7	4	6	3	5	9	1
3	6	4	1	9	5	2	8	7
1	5	6	9	2	7	4	3	8
4	3	8	6	5	1	7	2	9
7	2	9	8	3	4	1	5	6

152

	8		9			2		6
	5	9	1			4		
2								
1		5				9		
			8	9	3			
		8						4
5	1	3		6		8	4	
	9	4	3			6	2	
	7	2	4		9	5		1

153

8	3			1				
4		2			3			
5	9		4					
1		3	2				4	
7				3				
	5	9	7			1	8	
		8		5	2	3		
	2		3					
3				8	1	6	2	5

154

Aanswer

153

4	8	7	9	3	5	2	1	6
3	5	9	1	2	6	4	7	8
2	6	1	7	4	8	3	9	5
1	2	5	6	7	4	9	8	3
7	4	6	8	9	3	1	5	2
9	3	8	5	1	2	7	6	4
5	1	3	2	6	7	8	4	9
8	9	4	3	5	1	6	2	7
6	7	2	4	8	9	5	3	1

154

8	3	7	5	1	9	4	6	2
4	6	2	8	7	3	5	9	1
5	9	1	4	2	6	8	3	7
1	8	3	2	9	5	7	4	6
7	4	6	1	3	8	2	5	9
2	5	9	7	6	4	1	8	3
9	1	8	6	5	2	3	7	4
6	2	5	3	4	7	9	1	8
3	7	4	9	8	1	6	2	5

	4	2	3		1			
	5		4			1	8	
		1		7	9			4
3	1	6		5	8			
	9	8	2	4			3	1
		7	1			8	5	
							9	8
			7		5		1	
1		4	8			5		

155

		6	9	2		5		
			5	1			6	3
	8				3	9		
				8	5	1	3	
2			1		7			9
		3	6		9		8	
				5	2			1
					6	4	5	
		5	8	7	1	3		

156

Aanswer

155

6	4	2	3	8	1	9	7	5
7	5	9	4	6	2	1	8	3
8	3	1	5	7	9	2	6	4
3	1	6	9	5	8	7	4	2
5	9	8	2	4	7	6	3	1
4	2	7	1	3	6	8	5	9
2	7	5	6	1	4	3	9	8
9	8	3	7	2	5	4	1	6
1	6	4	8	9	3	5	2	7

156

7	3	6	9	2	4	5	1	8
9	4	2	5	1	8	7	6	3
5	8	1	7	6	3	9	2	4
6	9	4	2	8	5	1	3	7
2	5	8	1	3	7	6	4	9
1	7	3	6	4	9	2	8	5
3	6	9	4	5	2	8	7	1
8	1	7	3	9	6	4	5	2
4	2	5	8	7	1	3	9	6

Level 2

		6		5			7	
9				1				
3	1		2	4	6		8	
7			6				4	9
	2	1						
				3		6		2
	8			7	9			
		9	1				2	8
1			4	8	2		9	

157

6				3			7	1
8	7		6					
				7	1	6		9
7			2	5		3		4
2	5			1				
			7	9	8		5	
		3		6	7			
5	4		1	8	3			
		7	5	4				

158

Aanswer

157

2	4	6	9	5	8	3	7	1
9	5	8	3	1	7	2	6	4
3	1	7	2	4	6	9	8	5
7	3	5	6	2	1	8	4	9
6	2	1	8	9	4	7	5	3
8	9	4	7	3	5	6	1	2
4	8	2	5	7	9	1	3	6
5	7	9	1	6	3	4	2	8
1	6	3	4	8	2	5	9	7

158

6	2	9	4	3	5	8	7	1
8	7	1	6	2	9	4	3	5
4	3	5	8	7	1	6	2	9
7	9	8	2	5	6	3	1	4
2	5	6	3	1	4	7	9	8
3	1	4	7	9	8	2	5	6
1	8	3	9	6	7	5	4	2
5	4	2	1	8	3	9	6	7
9	6	7	5	4	2	1	8	3

		7		1			4	
1	6		5			8		
2	5					6	3	1
4	1	6	2		5		8	
7	2			3	8	1	6	4
		8	1		6	2		
5			7				9	
		2			9	4	1	
					1			8

159

1	5	6	4		8		7	
						6		
	9						4	3
			6		3			4
8				7		3		
			8		9	5	2	
9		7			1		3	6
5		1		6	4			8
3	6	4		8				

160

Aanswer

159

9	8	7	6	1	3	5	4	2
1	6	3	5	2	4	8	7	9
2	5	4	8	9	7	6	3	1
4	1	6	2	7	5	9	8	3
7	2	5	9	3	8	1	6	4
3	9	8	1	4	6	2	5	7
5	4	1	7	8	2	3	9	6
8	7	2	3	6	9	4	1	5
6	3	9	4	5	1	7	2	8

160

1	5	6	4	3	8	2	7	9
4	3	8	7	9	2	6	1	5
7	9	2	1	5	6	8	4	3
2	7	5	6	1	3	9	8	4
8	4	9	2	7	5	3	6	1
6	1	3	8	4	9	5	2	7
9	8	7	5	2	1	4	3	6
5	2	1	3	6	4	7	9	8
3	6	4	9	8	7	1	5	2

9		6			7	2	4	
			8		6	1	3	
	3			2			8	
				7	8	5	1	3
5	1			6			9	
		8	1			6		4
	6	2		3		4	5	
				4	1			
4	5			8		3		

161

7	3				1		9	8
9					6			
5		1	8	9				
	2	5			9	7		
			1		7	5	8	
		7		8			3	
6					3			5
1			5			8		
2		4	9	6	8			7

162

Aanswer

161

9	8	6	3	1	7	2	4	5
2	4	5	8	9	6	1	3	7
1	3	7	4	2	5	9	8	6
6	2	4	9	7	8	5	1	3
5	1	3	2	6	4	7	9	8
7	9	8	1	5	3	6	2	4
8	6	2	7	3	9	4	5	1
3	7	9	5	4	1	8	6	2
4	5	1	6	8	2	3	7	9

162

7	3	6	4	5	1	2	9	8
9	8	2	3	7	6	1	5	4
5	4	1	8	9	2	6	7	3
8	2	5	6	3	9	7	4	1
3	6	9	1	4	7	5	8	2
4	1	7	2	8	5	9	3	6
6	9	8	7	1	3	4	2	5
1	7	3	5	2	4	8	6	9
2	5	4	9	6	8	3	1	7

Level 2

		9	1	3			7	
	7	2			9			6
				7		8		9
	6	8				5		4
5	9	4	3	6	8			
2	1				7			5
9						2	1	
		5	2				4	7

163

	7		4		5	3	6	
1		3						4
4		5	1				7	
5	1				7			
	9	7	8	4	2	6	1	5
8				1		7		
		9		8	4			2
7	8	4				9	3	
					9	4	8	

164

Aanswer

163

8	5	9	1	3	6	4	7	2
4	7	2	8	5	9	1	3	6
1	3	6	4	7	2	8	5	9
3	6	8	7	2	1	5	9	4
5	9	4	3	6	8	7	2	1
7	2	1	5	9	4	3	6	8
2	1	3	9	4	7	6	8	5
9	4	7	6	8	5	2	1	3
6	8	5	2	1	3	9	4	7

164

9	7	8	4	2	5	3	6	1
1	6	3	9	7	8	5	2	4
4	2	5	1	6	3	8	7	9
5	1	6	3	9	7	2	4	8
3	9	7	8	4	2	6	1	5
8	4	2	5	1	6	7	9	3
6	3	9	7	8	4	1	5	2
7	8	4	2	5	1	9	3	6
2	5	1	6	3	9	4	8	7

				8		6	7	
2			7		6	9	1	3
7		6				4	2	8
5	6				7	1	8	4
3			8		1	2		
							3	9
9			4		3			2
4		3			8		9	
6		8		7	5			

165

	5	8						
7	2			6	5		3	
			1			5		6
2								9
5	8	4			3		6	
	3		6				4	5
3		2	5	1			9	
	6		9				2	3
	4	9			7	6		

166

Aanswer

165

1	3	9	2	8	4	6	7	5
2	8	4	7	5	6	9	1	3
7	5	6	1	3	9	4	2	8
5	6	2	3	9	7	1	8	4
3	9	7	8	4	1	2	5	6
8	4	1	5	6	2	7	3	9
9	7	5	4	1	3	8	6	2
4	1	3	6	2	8	5	9	7
6	2	8	9	7	5	3	4	1

166

6	5	8	3	4	9	2	1	7
7	2	1	8	6	5	9	3	4
4	9	3	1	7	2	5	8	6
2	1	6	4	5	8	3	7	9
5	8	4	7	9	3	1	6	2
9	3	7	6	2	1	8	4	5
3	7	2	5	1	6	4	9	8
1	6	5	9	8	4	7	2	3
8	4	9	2	3	7	6	5	1

Level
2

			9				2	
4	6		8	1	2	5		3
2			5	3	7			
9		6	1		8	3	5	
	4	1	3	2				
5		3						4
6								8
3			7			4		
1	9	4			3	7	6	5

167

7			6					
				2			8	4
2	1			7	8			6
		5		8	3		4	
		7		1	6	8		
			7			1		
		8	9	6		3	5	
				4				9
	7	9	1	3		4		

168

Aanswer

167

7	3	5	9	6	4	8	2	1
4	6	9	8	1	2	5	7	3
2	1	8	5	3	7	9	4	6
9	7	6	1	4	8	3	5	2
8	4	1	3	2	5	6	9	7
5	2	3	6	7	9	1	8	4
6	5	7	4	9	1	2	3	8
3	8	2	7	5	6	4	1	9
1	9	4	2	8	3	7	6	5

168

7	8	4	6	5	9	2	1	3
5	9	6	3	2	1	7	8	4
2	1	3	4	7	8	5	9	6
1	6	5	2	8	3	9	4	7
9	4	7	5	1	6	8	3	2
8	3	2	7	9	4	1	6	5
4	2	8	9	6	7	3	5	1
3	5	1	8	4	2	6	7	9
6	7	9	1	3	5	4	2	8

2	7				9	5	6	1
9	8			1	5	2	7	3
	6		7			9		
				5	8	6		2
			1	2			3	
			3		7			
		8		6		1	2	
4						3	9	8
1	2							6

169

	8				6			4
2		1	7		8		9	
			1	2			3	
				6	1		4	
4	7				5	2		
			3	4	7			
5	2		4		3	8	7	9
7	9				2			
		4						

170

Aanswer

169

2	7	3	8	4	9	5	6	1
9	8	4	6	1	5	2	7	3
5	6	1	7	3	2	9	8	4
7	3	9	4	5	8	6	1	2
8	4	5	1	2	6	7	3	9
6	1	2	3	9	7	8	4	5
3	9	8	5	6	4	1	2	7
4	5	6	2	7	1	3	9	8
1	2	7	9	8	3	4	5	6

170

3	8	7	5	9	6	1	2	4
2	4	1	7	3	8	5	9	6
9	6	5	1	2	4	7	3	8
8	5	9	2	6	1	3	4	7
4	7	3	9	8	5	2	6	1
6	1	2	3	4	7	9	8	5
5	2	6	4	1	3	8	7	9
7	9	8	6	5	2	4	1	3
1	3	4	8	7	9	6	5	2

	2		3	5			4	6
		6		9		1	3	
3	1				7			
				8		5		3
		8	2		5		1	
			1		6	9	7	8
				7	8			
		2	5					7
6		7				4		

171

	1			2		9		3
	7	9	8		4		2	
		6			9		1	
2		5		4		8		
1	6							7
					8	5	9	2
		7			1		3	9
	5							
9			4			1	5	

172

Aanswer

171

8	2	9	3	5	1	7	4	6
4	7	6	8	9	2	1	3	5
3	1	5	4	6	7	2	8	9
1	6	4	7	8	9	5	2	3
7	9	8	2	3	5	6	1	4
2	5	3	1	4	6	9	7	8
5	4	1	6	7	8	3	9	2
9	3	2	5	1	4	8	6	7
6	8	7	9	2	3	4	5	1

172

8	1	4	5	2	6	9	7	3
3	7	9	8	1	4	6	2	5
5	2	6	3	7	9	4	1	8
2	9	5	7	4	3	8	6	1
1	6	8	2	9	5	3	4	7
7	4	3	1	6	8	5	9	2
4	8	7	6	5	1	2	3	9
6	5	1	9	3	2	7	8	4
9	3	2	4	8	7	1	5	6

1			7					
	2		9			4		5
3	6	9				2	8	7
				7		1		6
		6		5	8		7	2
			6			8		
		1	8		7			
		3		6		7	4	8
					9	5	6	1

173

9					3	4	7	
		2	8			5		3
5	6	3	7	4				
	5					2		
2	9	7	5		8	3		
3	4	6		2				8
	1		3			6		4
8	3	5					1	
			1			8		

174

Aanswer

173

1	4	5	7	8	2	6	3	9
8	2	7	9	3	6	4	1	5
3	6	9	5	1	4	2	8	7
5	8	4	2	7	3	1	9	6
9	1	6	4	5	8	3	7	2
7	3	2	6	9	1	8	5	4
6	5	1	8	4	7	9	2	3
2	9	3	1	6	5	7	4	8
4	7	8	3	2	9	5	6	1

174

9	8	1	6	5	3	4	7	2
4	7	2	8	9	1	5	6	3
5	6	3	7	4	2	9	8	1
1	5	8	4	3	6	2	9	7
2	9	7	5	1	8	3	4	6
3	4	6	9	2	7	1	5	8
7	1	9	3	8	5	6	2	4
8	3	5	2	6	4	7	1	9
6	2	4	1	7	9	8	3	5

2				5		8	3	
	9			3	8	6		
	8		2				5	1
		2						8
	3		8				2	6
	7		6			3	1	
7		8	5		1			3
		9				1		5
		6	3	9	4	2		7

175

	7	6			1	5		
1	9	3	2	5	4		6	
		2					3	
		1		6				
	3	8	1		5			
7					9		1	5
3				1	2	4	5	6
		5						2
2		9	5	4	6	8		3

176

Aanswer

175

2	6	7	1	5	9	8	3	4
1	9	5	4	3	8	6	7	2
4	8	3	2	7	6	9	5	1
6	5	2	9	1	3	7	4	8
9	3	1	8	4	7	5	2	6
8	7	4	6	2	5	3	1	9
7	2	8	5	6	1	4	9	3
3	4	9	7	8	2	1	6	5
5	1	6	3	9	4	2	8	7

176

8	7	6	3	9	1	5	2	4
1	9	3	2	5	4	7	6	8
4	5	2	6	7	8	9	3	1
5	2	1	4	6	7	3	8	9
9	3	8	1	2	5	6	4	7
7	6	4	8	3	9	2	1	5
3	8	7	9	1	2	4	5	6
6	4	5	7	8	3	1	9	2
2	1	9	5	4	6	8	7	3

		1	8			9		2
	2		1				7	
	6		9	4				
			6				9	7
9				1		6		3
	3	6	2	9		5		4
				6		7		
	8	7		5				1
6		3						9

177

	4		1		7			9
6		9		5	4		7	
			9	6				
1			4	9	5		8	7
		7			6			4
9	5	4				1		
3		5	8			7		6
		6			9			
4			6		1		9	5

178

Aanswer

177

3	5	1	8	7	6	9	4	2
4	2	9	1	3	5	8	7	6
7	6	8	9	4	2	1	3	5
1	4	5	6	8	3	2	9	7
9	7	2	5	1	4	6	8	3
8	3	6	2	9	7	5	1	4
5	9	4	3	6	1	7	2	8
2	8	7	4	5	9	3	6	1
6	1	3	7	2	8	4	5	9

178

5	4	2	1	8	7	6	3	9
6	3	9	2	5	4	8	7	1
8	7	1	9	6	3	5	4	2
1	6	3	4	9	5	2	8	7
2	8	7	3	1	6	9	5	4
9	5	4	7	2	8	1	6	3
3	9	5	8	4	2	7	1	6
7	1	6	5	3	9	4	2	8
4	2	8	6	7	1	3	9	5

6	5					9	7	4
			9			6		
9		4					8	1
4	3	7				1	6	8
	9	5			6	4		7
					3			
		6			1	5	4	
5				6	2	7	1	3
	1		5			8		

179

6		3		9	1			
8		4		5	3	1	2	9
2		1			4	3		
						9	3	
					7		4	8
4	8							2
	4	6			2		7	1
9				1				
		8		4	6		9	

180

Aanswer

179

6	5	2	3	1	8	9	7	4
3	8	1	9	4	7	6	5	2
9	7	4	6	2	5	3	8	1
4	3	7	2	5	9	1	6	8
2	9	5	1	8	6	4	3	7
1	6	8	4	7	3	2	9	5
8	2	6	7	3	1	5	4	9
5	4	9	8	6	2	7	1	3
7	1	3	5	9	4	8	2	6

180

6	5	3	2	9	1	4	8	7
8	7	4	6	5	3	1	2	9
2	9	1	8	7	4	3	6	5
1	2	7	4	8	5	9	3	6
3	6	9	1	2	7	5	4	8
4	8	5	3	6	9	7	1	2
5	4	6	9	3	2	8	7	1
9	3	2	7	1	8	6	5	4
7	1	8	5	4	6	2	9	3

7	3	5			6	2		8
6							3	5
2		8			7	6	9	
1				5	3			7
	5					1		
9			6	8				
4		3			8	5	2	
5				7	4	8		9
					5			

181

3		5	7	4				
8	6	2	3		5		7	
7	4	9	8	6	2			
				7			2	
2	8					1		7
		1		8	4		5	3
6		8						
	2					3	1	
				2		8	6	5

182

Aanswer

181

7	3	5	4	9	6	2	1	8
6	9	4	8	1	2	7	3	5
2	1	8	5	3	7	6	9	4
1	8	6	2	5	3	9	4	7
3	5	2	7	4	9	1	8	6
9	4	7	6	8	1	3	5	2
4	7	3	9	6	8	5	2	1
5	2	1	3	7	4	8	6	9
8	6	9	1	2	5	4	7	3

182

3	1	5	7	4	9	2	8	6
8	6	2	3	1	5	9	7	4
7	4	9	8	6	2	5	3	1
5	3	6	9	7	1	4	2	8
2	8	4	5	3	6	1	9	7
9	7	1	2	8	4	6	5	3
6	5	8	1	9	3	7	4	2
4	2	7	6	5	8	3	1	9
1	9	3	4	2	7	8	6	5

7	5	1					2	
	2	6		1	5	4		
3	9		8				5	
			1	2		5	3	4
4		5		9	8	2		1
1		2		5				
2		8	5		4	3		
					1		4	
5				3		8	1	

183

	8	9	4		3	6		2
7		3					1	
5	2							
			5	9		8		
9	5				8	4	6	
3			7		4	2		5
			9		5	1	4	
		5		4				
		1	6		7	5	8	9

184

Aanswer

183

7	5	1	3	4	9	6	2	8
8	2	6	7	1	5	4	9	3
3	9	4	8	6	2	1	5	7
6	8	9	1	2	7	5	3	4
4	3	5	6	9	8	2	7	1
1	7	2	4	5	3	9	8	6
2	1	8	5	7	4	3	6	9
9	6	3	2	8	1	7	4	5
5	4	7	9	3	6	8	1	2

184

1	8	9	4	7	3	6	5	2
7	4	3	2	5	6	9	1	8
5	2	6	8	1	9	3	7	4
6	7	4	5	9	2	8	3	1
9	5	2	1	3	8	4	6	7
3	1	8	7	6	4	2	9	5
2	6	7	9	8	5	1	4	3
8	9	5	3	4	1	7	2	6
4	3	1	6	2	7	5	8	9

Level 2

5		8	6			1		
3	6		9			8	5	
		1		5				
2	3					9	8	5
					9	7		
	5	9	3				1	
	2	5						
9		4	2		5		6	
		3	8	9	4		7	

185

	8			5		1		4
7		4				2		9
5		9		7				
1		7				4		
	4		7	1	6		8	3
8		3		2	4		1	7
6			8	9			4	
			1		3		9	8
		8			7	3		1

186

Aanswer

185

5	7	8	6	3	2	1	4	9
3	6	2	9	4	1	8	5	7
4	9	1	7	5	8	2	3	6
2	3	7	4	1	6	9	8	5
1	4	6	5	8	9	7	2	3
8	5	9	3	2	7	6	1	4
7	2	5	1	6	3	4	9	8
9	8	4	2	7	5	3	6	1
6	1	3	8	9	4	5	7	2

186

3	8	6	9	5	2	1	7	4
7	1	4	6	3	8	2	5	9
5	2	9	4	7	1	8	3	6
1	6	7	3	8	9	4	2	5
2	4	5	7	1	6	9	8	3
8	9	3	5	2	4	6	1	7
6	3	1	8	9	5	7	4	2
4	7	2	1	6	3	5	9	8
9	5	8	2	4	7	3	6	1

Level 2

1			8		6	2	3	
				9	1		8	
	8	5			2	1		
5	6							8
		8			5	7		
7		4	1					
			5	2	3			
		1	9		8		5	
3			7			8		6

187

					7	2		3
3	1	2						5
					2		4	
8	3	4		6		1		2
7		9					3	8
	5	1			4			
1	7		4	2	3			
9		6			5	3	2	
		3	9					

188

Aanswer

187

1	4	9	8	5	6	2	3	7
2	3	7	4	9	1	6	8	5
6	8	5	3	7	2	1	4	9
5	6	3	2	4	7	9	1	8
9	1	8	6	3	5	7	2	4
7	2	4	1	8	9	5	6	3
8	9	6	5	2	3	4	7	1
4	7	1	9	6	8	3	5	2
3	5	2	7	1	4	8	9	6

188

6	4	8	5	9	7	2	1	3
3	1	2	6	4	8	7	9	5
5	9	7	3	1	2	8	4	6
8	3	4	7	6	9	1	5	2
7	6	9	2	5	1	4	3	8
2	5	1	8	3	4	9	6	7
1	7	5	4	2	3	6	8	9
9	8	6	1	7	5	3	2	4
4	2	3	9	8	6	5	7	1

6	2			4		9		
		5	8		6		7	
	4					6	8	
	5	1	9			2		7
					4			8
		9	6	7	2	4		
	6							
			3	6		7	2	
7	1	2	4			8		6

189

	9	8		4				
	2			1	5			
5			9			4	6	
3	1	6	8		9	7	2	4
2		7						8
			4			6	3	
		3			4			6
4	7		6					5
	6				8	9		

190

Aanswer

189

6	2	8	7	4	1	9	5	3
9	3	5	8	2	6	1	7	4
1	4	7	5	3	9	6	8	2
4	5	1	9	8	3	2	6	7
2	7	6	1	5	4	3	9	8
3	8	9	6	7	2	4	1	5
8	6	3	2	1	7	5	4	9
5	9	4	3	6	8	7	2	1
7	1	2	4	9	5	8	3	6

190

7	9	8	2	4	6	1	5	3
6	2	4	3	1	5	8	7	9
5	3	1	9	8	7	4	6	2
3	1	6	8	5	9	7	2	4
2	4	7	1	6	3	5	9	8
9	8	5	4	7	2	6	3	1
8	5	3	7	9	4	2	1	6
4	7	9	6	2	1	3	8	5
1	6	2	5	3	8	9	4	7

Level 2

				2			7	
3	2	5			6			1
6					9	3		2
		2	8	3		4	1	
	3			6			2	9
	6		2		5		8	3
		6						
2				5			6	7
8		3	6	7		2		4

191

					7			
8	2				3		9	
1		9	8				4	
				1	9		8	
3	5		7		4		1	2
	9		3					
4	8	3		7	6		2	
9			5		1		3	
			4	3			7	9

192

Aanswer

191

9	1	4	5	2	3	6	7	8
3	2	5	7	8	6	9	4	1
6	8	7	4	1	9	3	5	2
5	9	2	8	3	7	4	1	6
7	3	8	1	6	4	5	2	9
4	6	1	2	9	5	7	8	3
1	7	6	9	4	2	8	3	5
2	4	9	3	5	8	1	6	7
8	5	3	6	7	1	2	9	4

192

6	3	4	1	9	7	2	5	8
8	2	5	6	4	3	7	9	1
1	7	9	8	5	2	3	4	6
7	4	6	2	1	9	5	8	3
3	5	8	7	6	4	9	1	2
2	9	1	3	8	5	4	6	7
4	8	3	9	7	6	1	2	5
9	6	7	5	2	1	8	3	4
5	1	2	4	3	8	6	7	9

2		3	9				1	
6				4			7	2
4						5		
7	8		3		2			1
1					4		3	9
9		2					8	7
5						7	4	3
		1	4	3		9		5
	4		2	5		1	6	8

193

7	3	9			1		8	
	5		2		8	7		
6		8		7		4		
1	7	3	4			9	2	
				9	2			7
			7			8		4
		7	8		4			9
2		4					7	
3	9		1	5	7			8

194

Aanswer

193

2	7	3	9	6	5	8	1	4
6	9	5	1	4	8	3	7	2
4	1	8	7	2	3	5	9	6
7	8	4	3	9	2	6	5	1
1	5	6	8	7	4	2	3	9
9	3	2	5	1	6	4	8	7
5	2	9	6	8	1	7	4	3
8	6	1	4	3	7	9	2	5
3	4	7	2	5	9	1	6	8

194

7	3	9	5	4	1	6	8	2
4	5	1	2	6	8	7	9	3
6	2	8	3	7	9	4	1	5
1	7	3	4	8	5	9	2	6
8	4	5	6	9	2	1	3	7
9	6	2	7	1	3	8	5	4
5	1	7	8	2	4	3	6	9
2	8	4	9	3	6	5	7	1
3	9	6	1	5	7	2	4	8

		7	2	5		4	1	
6					3		5	
3	5	9	8					4
4	7		3	9			2	
	1			6	7			
5				8	6		4	7
			7			2		
7	9	4			2	6		1

195

			8			5		6
2			5					
			7	4	3	8		1
						2		
		5		3	7		1	8
3			9		8			
5	3	4				6	8	9
	6		3	5	4	1		2
7		2	6		9			4

196

Aanswer

195

9	3	7	2	5	8	4	1	6
2	8	5	6	1	4	3	7	9
6	4	1	9	7	3	8	5	2
3	5	9	8	2	1	7	6	4
4	7	6	3	9	5	1	2	8
8	1	2	4	6	7	5	9	3
5	2	3	1	8	6	9	4	7
1	6	8	7	4	9	2	3	5
7	9	4	5	3	2	6	8	1

196

4	7	3	8	2	1	5	9	6
2	8	1	5	9	6	7	4	3
9	5	6	7	4	3	8	2	1
1	9	8	4	6	5	2	3	7
6	4	5	2	3	7	9	1	8
3	2	7	9	1	8	4	6	5
5	3	4	1	7	2	6	8	9
8	6	9	3	5	4	1	7	2
7	1	2	6	8	9	3	5	4

9		3						
	8				5	7	3	9
5	1	6					2	
1	2	5						
						6		7
7	6	9	4	3		2	5	
	4	1	7	5	6	9		
	5			9				2
		8		4				

197

	9			5	7	2		
		1		8				7
			2			6	8	
					2			
			1	4	3	8		
			5	7	6		4	3
9	1		7		8			
	8	6	4	3			2	
4	5	3	9		1		6	8

198

Aanswer

9	7	3	2	8	4	1	6	5
4	8	2	6	1	5	7	3	9
5	1	6	3	7	9	8	2	4
1	2	5	9	6	7	3	4	8
8	3	4	5	2	1	6	9	7
7	6	9	4	3	8	2	5	1
2	4	1	7	5	6	9	8	3
6	5	7	8	9	3	4	1	2
3	9	8	1	4	2	5	7	6

197

6	9	8	3	5	7	2	1	4
2	4	1	6	8	9	3	5	7
3	7	5	2	1	4	6	8	9
1	3	4	8	9	2	5	7	6
5	6	7	1	4	3	8	9	2
8	2	9	5	7	6	1	4	3
9	1	2	7	6	8	4	3	5
7	8	6	4	3	5	9	2	1
4	5	3	9	2	1	7	6	8

198

	2		8	3				
4						3	5	
				4	6		7	2
2	6		7		1		3	5
	7	1		9				
	5		6				1	
							2	4
7	4						9	
6	3	9	4	7		5	8	

199

8		4		7	9	6		
		7	6	5			4	
		5	2		8	1		
5		2	8			9		7
7		6		2				
	8				7			
		8	4		1	7		6
	7		5					
			7	3	6			2

200

Aanswer

199

1	2	7	8	3	5	4	6	9
4	9	6	2	1	7	3	5	8
3	8	5	9	4	6	1	7	2
2	6	4	7	8	1	9	3	5
8	7	1	5	9	3	2	4	6
9	5	3	6	2	4	8	1	7
5	1	8	3	6	9	7	2	4
7	4	2	1	5	8	6	9	3
6	3	9	4	7	2	5	8	1

200

8	2	4	1	7	9	6	5	3
9	1	7	6	5	3	2	4	8
3	6	5	2	4	8	1	7	9
5	3	2	8	1	4	9	6	7
7	9	6	3	2	5	8	1	4
4	8	1	9	6	7	3	2	5
2	5	8	4	9	1	7	3	6
6	7	3	5	8	2	4	9	1
1	4	9	7	3	6	5	8	2

7		8		3			9	4
3	1	2			4			
	4	9	8	7	6		2	1
				1	9	4		
	9	5	7					
4	8				2		5	
				8	3		1	5
	5			9		8		
8		6		2				

201

	4	5			1		2	
6	7		5	4		1		9
1		8					5	
2	1		4	6	5	8	9	3
5	6		9			2		
				1	2			
	2	6						
7		1	6	2	4			
9	5							

202

Aanswer

7	6	8	2	3	1	5	9	4
3	1	2	9	5	4	7	8	6
5	4	9	8	7	6	3	2	1
6	2	3	5	1	9	4	7	8
1	9	5	7	4	8	6	3	2
4	8	7	3	6	2	1	5	9
9	7	4	6	8	3	2	1	5
2	5	1	4	9	7	8	6	3
8	3	6	1	2	5	9	4	7

201

3	4	5	8	9	1	6	2	7
6	7	2	5	4	3	1	8	9
1	9	8	2	7	6	3	5	4
2	1	7	4	6	5	8	9	3
5	6	4	9	3	8	2	7	1
8	3	9	7	1	2	5	4	6
4	2	6	3	5	9	7	1	8
7	8	1	6	2	4	9	3	5
9	5	3	1	8	7	4	6	2

202

Level 2

6	1		7			2	3	4
	2			1		9	7	
				2	4			
	4				8		2	7
8	6		2					3
7		2	1	4	3			8
1		6			9	7		
9	8		4					
2		4					5	

203

	2	5			3	9		
1			5				4	
6	3		8			2	5	7
			3	4				8
			9	8		6		5
	7				6		3	
			1			5	7	
	5	7			4			3
3				9	5			2

204

Aanswer

203

6	1	8	7	9	5	2	3	4
4	2	3	8	1	6	9	7	5
5	9	7	3	2	4	1	8	6
3	4	1	9	6	8	5	2	7
8	6	9	2	5	7	4	1	3
7	5	2	1	4	3	6	9	8
1	3	6	5	8	9	7	4	2
9	8	5	4	7	2	3	6	1
2	7	4	6	3	1	8	5	9

204

7	2	5	4	6	3	9	8	1
1	9	8	5	7	2	3	4	6
6	3	4	8	1	9	2	5	7
5	6	2	3	4	1	7	9	8
4	1	3	9	8	7	6	2	5
8	7	9	2	5	6	1	3	4
2	4	6	1	3	8	5	7	9
9	5	7	6	2	4	8	1	3
3	8	1	7	9	5	4	6	2

5		8				7	6	
		3		7	6	9	5	
	7					4		3
				6			1	7
	6		7		1			
1	5	7		2			3	4
	8		2				4	6
4	1	6				3		
9			6					

205

5	3		2			4		
7		9			4			
4		1	3	6			9	2
6		3	4		9	1		
9			5				3	
1		8		3				4
2	1						7	
		7				8	5	
8		5	9	7			4	

206

Aanswer

5	9	8	3	4	2	7	6	1
2	4	3	1	7	6	9	5	8
6	7	1	8	9	5	4	2	3
8	2	9	4	6	3	5	1	7
3	6	4	7	5	1	2	8	9
1	5	7	9	2	8	6	3	4
7	8	5	2	3	9	1	4	6
4	1	6	5	8	7	3	9	2
9	3	2	6	1	4	8	7	5

205

5	3	6	2	9	7	4	1	8
7	2	9	8	1	4	5	6	3
4	8	1	3	6	5	7	9	2
6	7	3	4	2	9	1	8	5
9	4	2	5	8	1	6	3	7
1	5	8	7	3	6	9	2	4
2	1	4	6	5	8	3	7	9
3	9	7	1	4	2	8	5	6
8	6	5	9	7	3	2	4	1

206

1	7					5	4	9
6		2					1	
	5							
		6	5	4		9	7	
7	9				8		5	4
	2	4	7			8	3	6
		5			4			3
9		7	8	3		6	2	
				5			9	

207

	9		2	8				
	3				1		7	
	1	4		7	9	2		
9	4	7		3	5	6		2
	2	6					3	5
	5		6			7	9	
		9			7		2	
		1	9	4		3		
	7					9		6

208

Aanswer

207

1	7	8	6	2	3	5	4	9
6	3	2	4	9	5	7	1	8
4	5	9	1	8	7	3	6	2
3	8	6	5	4	2	9	7	1
7	9	1	3	6	8	2	5	4
5	2	4	7	1	9	8	3	6
2	6	5	9	7	4	1	8	3
9	4	7	8	3	1	6	2	5
8	1	3	2	5	6	4	9	7

208

7	9	5	2	8	3	4	6	1
8	3	2	4	6	1	5	7	9
6	1	4	5	7	9	2	8	3
9	4	7	8	3	5	6	1	2
1	2	6	7	9	4	8	3	5
3	5	8	6	1	2	7	9	4
4	6	9	3	5	7	1	2	8
2	8	1	9	4	6	3	5	7
5	7	3	1	2	8	9	4	6

	4							8
5	3	2		6	8	1		7
		8	1	4	7	5		
	1			5	3			
			2				1	
		6	8			7		3
					9	6		
	2	9			1	4		5
		1	4	7				9

209

		5		7	6	9		2
8	2		3			6		1
		6						3
5					2	3	9	
			4		3			
					1		6	8
	9	4		3	7			
			6	1		4		
1	6				4	7	3	5

210

Aanswer

209

1	4	7	5	3	2	9	6	8
5	3	2	9	6	8	1	4	7
9	6	8	1	4	7	5	3	2
8	1	4	7	5	3	2	9	6
7	5	3	2	9	6	8	1	4
2	9	6	8	1	4	7	5	3
4	7	5	3	2	9	6	8	1
3	2	9	6	8	1	4	7	5
6	8	1	4	7	5	3	2	9

210

4	3	5	1	7	6	9	8	2
8	2	9	3	4	5	6	7	1
7	1	6	2	8	9	5	4	3
5	7	1	8	6	2	3	9	4
6	8	2	4	9	3	1	5	7
9	4	3	7	5	1	2	6	8
2	9	4	5	3	7	8	1	6
3	5	7	6	1	8	4	2	9
1	6	8	9	2	4	7	3	5

3		7			8			
1			9	4				5
	9	2		3				
	1			7		5		
			3	8	5	6	2	1
		5				9	7	
9	2		7	5			6	
		4	8					
6				9	1	4	5	

211

	1	5		3	6	2		4
		9		7	4		1	
	7				8			6
	8	1	3					
2		3		4	5	1		
5	4	7				3		2
	2		4	5				3
		8						
1		4			3	6	2	

212

Aanswer

211

3	5	7	6	1	8	2	4	9
1	6	8	9	4	2	7	3	5
4	9	2	5	3	7	8	1	6
2	1	6	4	7	9	5	8	3
7	4	9	3	8	5	6	2	1
8	3	5	1	2	6	9	7	4
9	2	1	7	5	4	3	6	8
5	7	4	8	6	3	1	9	2
6	8	3	2	9	1	4	5	7

212

8	1	5	9	3	6	2	7	4
6	3	9	2	7	4	5	1	8
4	7	2	5	1	8	9	3	6
9	8	1	3	6	2	7	4	5
2	6	3	7	4	5	1	8	9
5	4	7	1	8	9	3	6	2
7	2	6	4	5	1	8	9	3
3	9	8	6	2	7	4	5	1
1	5	4	8	9	3	6	2	7

5	3					1	2	8
		6	8		2		9	
	8		3			4		7
	6	1			5	7	4	9
		5		7		8	1	
7								2
	4				3			
	1			9			8	4
9	5				8	2		1

213

1			9	7	3			2
			2			8		5
							3	9
6			1	9	8			3
		3		5		9	8	
8	9			2				
		8				1	5	
	4				5			8
5	1	6	8		9			7

214

Aanswer

213

5	3	9	7	4	6	1	2	8
4	7	6	8	1	2	5	9	3
1	8	2	3	5	9	4	6	7
8	6	1	2	3	5	7	4	9
3	2	5	9	7	4	8	1	6
7	9	4	6	8	1	3	5	2
6	4	8	1	2	3	9	7	5
2	1	3	5	9	7	6	8	4
9	5	7	4	6	8	2	3	1

214

1	8	5	9	7	3	6	4	2
3	7	9	2	6	4	8	1	5
4	6	2	5	8	1	7	3	9
6	5	4	1	9	8	2	7	3
7	2	3	4	5	6	9	8	1
8	9	1	3	2	7	5	6	4
9	3	8	7	4	2	1	5	6
2	4	7	6	1	5	3	9	8
5	1	6	8	3	9	4	2	7

					3			7
						4	2	1
8		5	4	2		9		
9	2				6			8
	6	3		4	8	1		2
4		7			2			6
3			6				1	
	4					6		5
	5		8				3	9

215

	2					5	7	
	6			9			4	
4	1		6		7			2
	7	2						
	4	6			9		8	
	3		4			2	9	
	9		8	4		7		
		4			2		1	9
		7	9	3	1		6	

216

Aanswer

215

2	1	4	9	6	3	5	8	7
6	3	9	5	8	7	4	2	1
8	7	5	4	2	1	9	6	3
9	2	1	3	5	6	7	4	8
5	6	3	7	4	8	1	9	2
4	8	7	1	9	2	3	5	6
3	9	2	6	7	5	8	1	4
1	4	8	2	3	9	6	7	5
7	5	6	8	1	4	2	3	9

216

3	2	9	1	8	4	5	7	6
7	6	5	2	9	3	8	4	1
4	1	8	6	5	7	9	3	2
9	7	2	3	1	8	6	5	4
5	4	6	7	2	9	1	8	3
8	3	1	4	6	5	2	9	7
1	9	3	8	4	6	7	2	5
6	8	4	5	7	2	3	1	9
2	5	7	9	3	1	4	6	8

6	2	8	5	3				
							8	
7	1	4		6		5	9	
		7		5				
	9	6				8		2
	4						6	
9		2	3		5		1	8
4		5	7	8	1	6		9
	7			9		3		

217

		9		4	1	3		
	3		9	2		1	4	5
4	1				3		2	9
							3	
1		2		3		9		
3	6		7	8		5		
			3					
9				5		4	6	
5	2	8		6			9	3

218

Aanswer

217

6	2	8	5	3	9	1	4	7
3	5	9	1	7	4	2	8	6
7	1	4	2	6	8	5	9	3
2	8	7	9	5	6	4	3	1
5	9	6	4	1	3	8	7	2
1	4	3	8	2	7	9	6	5
9	6	2	3	4	5	7	1	8
4	3	5	7	8	1	6	2	9
8	7	1	6	9	2	3	5	4

218

2	8	9	5	4	1	3	7	6
7	3	6	9	2	8	1	4	5
4	1	5	6	7	3	8	2	9
8	9	7	2	1	5	6	3	4
1	5	2	4	3	6	9	8	7
3	6	4	7	8	9	5	1	2
6	4	1	3	9	7	2	5	8
9	7	3	8	5	2	4	6	1
5	2	8	1	6	4	7	9	3

Level 2

		2					9	
8			9	6		2		3
	9		4		2	5		8
			6	5		9		
	3	9	8	2	4			5
1	7	6	2			8	5	4
4						3	2	
		3	5	4		6	7	

219

	5	3			2	1		
1	9			6	3	4	2	
		2		1	8			5
		4						
	3	1		5				
	2		8			9	1	
2			1	8	7			6
	1				9		5	
3		9			5	8		

220

Aanswer

219

3	4	2	1	8	5	7	9	6
8	1	5	9	6	7	2	4	3
6	9	7	4	3	2	5	1	8
2	8	4	6	5	1	9	3	7
5	6	1	3	7	9	4	8	2
7	3	9	8	2	4	1	6	5
1	7	6	2	9	3	8	5	4
4	5	8	7	1	6	3	2	9
9	2	3	5	4	8	6	7	1

220

6	5	3	7	4	2	1	8	9
1	9	8	5	6	3	4	2	7
4	7	2	9	1	8	6	3	5
7	8	4	3	9	1	5	6	2
9	3	1	2	5	6	7	4	8
5	2	6	8	7	4	9	1	3
2	4	5	1	8	7	3	9	6
8	1	7	6	3	9	2	5	4
3	6	9	4	2	5	8	7	1

8				9		5		6
9	1	2		7	6	3	8	
7	6							1
2				5			3	
3			4		8	1		
			6		7			8
	3			1				5
1						7	4	3
		9				8	1	

221

	8		3	4			2	1
							7	6
1	9				6		4	
4				3			9	
		9	5		4			2
	1		6	9		5		4
		1						
8			2	5	3		1	
	2	5		1		4		8

222

Aanswer

221

8	4	3	2	9	1	5	7	6
9	1	2	5	7	6	3	8	4
7	6	5	3	8	4	2	9	1
2	8	4	1	5	9	6	3	7
3	7	6	4	2	8	1	5	9
5	9	1	6	3	7	4	2	8
4	3	7	8	1	2	9	6	5
1	2	8	9	6	5	7	4	3
6	5	9	7	4	3	8	1	2

222

6	8	7	3	4	5	9	2	1
5	3	4	9	2	1	8	7	6
1	9	2	8	7	6	3	4	5
4	5	8	1	3	2	6	9	7
7	6	9	5	8	4	1	3	2
2	1	3	6	9	7	5	8	4
9	7	1	4	6	8	2	5	3
8	4	6	2	5	3	7	1	9
3	2	5	7	1	9	4	6	8

8			5			1		9
5		2			9	6	8	
			8		4			3
	8	4		3	5	9		7
6			2	9				
		9		4	8		6	
		8	4		6			
3	2					5		6
	6							1

223

5	4			6	8		3	2
		7			5	6		
	1	6	3					5
	8	4	2			3		
			5		9	4		
9	5					1		7
4		5			1	2		3
	7	8				5		
3			6					

224

Aanswer

223

8	4	6	5	2	3	1	7	9
5	3	2	7	1	9	6	8	4
7	9	1	8	6	4	2	5	3
1	8	4	6	3	5	9	2	7
6	5	3	2	9	7	4	1	8
2	7	9	1	4	8	3	6	5
9	1	8	4	5	6	7	3	2
3	2	7	9	8	1	5	4	6
4	6	5	3	7	2	8	9	1

224

5	4	9	1	6	8	7	3	2
2	3	7	4	9	5	6	1	8
8	1	6	3	7	2	9	4	5
6	8	4	2	1	7	3	5	9
7	2	1	5	3	9	4	8	6
9	5	3	8	4	6	1	2	7
4	6	5	7	8	1	2	9	3
1	7	8	9	2	3	5	6	4
3	9	2	6	5	4	8	7	1

			3	8			5	
3		1	4			2		
4	7	5		6				8
9		6			8	5		3
	3			4	6			
		8	5				6	
			6	5	4	8	2	9
	5	4	8				3	1
			7	1		6	4	

225

				4		8		
9	8	3						2
	1				8			5
4	5	6		1	2	9	8	
		8		6				
3					9			4
8	3	2	6			4	5	1
						3		
	4	5	8	2	3			

226

Aanswer

2	6	9	3	8	1	4	5	7
3	8	1	4	7	5	2	9	6
4	7	5	2	6	9	3	1	8
9	4	6	1	2	8	5	7	3
5	3	7	9	4	6	1	8	2
1	2	8	5	3	7	9	6	4
7	1	3	6	5	4	8	2	9
6	5	4	8	9	2	7	3	1
8	9	2	7	1	3	6	4	5

225

5	6	7	2	4	1	8	3	9
9	8	3	5	7	6	1	4	2
2	1	4	9	3	8	6	7	5
4	5	6	3	1	2	9	8	7
7	9	8	4	6	5	2	1	3
3	2	1	7	8	9	5	6	4
8	3	2	6	9	7	4	5	1
6	7	9	1	5	4	3	2	8
1	4	5	8	2	3	7	9	6

226

Level
2

		3	5	7		8	4	
	7		2					3
8						9		
5			7	8	2			4
			4		3		9	
					5	2	8	
1					7		3	
4	3	8				7		9
7	2	9	8	3			5	

227

	4		3		1			
			4			1	8	
		1		7	9			4
3	1	6		5	8			
	9	8	2	4			3	1
		7	1			8	5	
							9	8
			7		5		1	
1		4	8			5		

228

Aanswer

227

6	1	3	5	7	9	8	4	2
9	7	5	2	4	8	6	1	3
8	4	2	3	1	6	9	7	5
5	9	1	7	8	2	3	6	4
2	8	7	4	6	3	5	9	1
3	6	4	1	9	5	2	8	7
1	5	6	9	2	7	4	3	8
4	3	8	6	5	1	7	2	9
7	2	9	8	3	4	1	5	6

228

6	4	2	3	8	1	9	7	5
7	5	9	4	6	2	1	8	3
8	3	1	5	7	9	2	6	4
3	1	6	9	5	8	7	4	2
5	9	8	2	4	7	6	3	1
4	2	7	1	3	6	8	5	9
2	7	5	6	1	4	3	9	8
9	8	3	7	2	5	4	1	6
1	6	4	8	9	3	5	2	7

		6					7	
9				1				
3	1		2	4	6		8	
7			6				4	9
	2	1						
				3		6		2
	8			7	9			
		9	1				2	8
1			4	8	2		9	

229

		7		1			4	
1	6		5			8		
2	5					6	3	1
4	1	6	2		5		8	
7	2			3	8	1	6	
		8	1		6	2		
5			7					
		2			9	4	1	
					1			8

230

Aanswer

229

2	4	6	9	5	8	3	7	1
9	5	8	3	1	7	2	6	4
3	1	7	2	4	6	9	8	5
7	3	5	6	2	1	8	4	9
6	2	1	8	9	4	7	5	3
8	9	4	7	3	5	6	1	2
4	8	2	5	7	9	1	3	6
5	7	9	1	6	3	4	2	8
1	6	3	4	8	2	5	9	7

230

9	8	7	6	1	3	5	4	2
1	6	3	5	2	4	8	7	9
2	5	4	8	9	7	6	3	1
4	1	6	2	7	5	9	8	3
7	2	5	9	3	8	1	6	4
3	9	8	1	4	6	2	5	7
5	4	1	7	8	2	3	9	6
8	7	2	3	6	9	4	1	5
6	3	9	4	5	1	7	2	8

Level 2

1	5	6	4		8			
						6		
	9						4	3
			6		3			4
8				7		3		
			8		9	5	2	
9		7			1		3	6
5		1		6	4			8
3	6	4		8				

231

9		6			7	2	4	
			8		6		3	
	3			2			8	
				7	8	5	1	3
5	1			6			9	
		8	1			6		4
	6	2		3		4	5	
				4	1			
4	5			8		3		

232

Aanswer

231

1	5	6	4	3	8	2	7	9
4	3	8	7	9	2	6	1	5
7	9	2	1	5	6	8	4	3
2	7	5	6	1	3	9	8	4
8	4	9	2	7	5	3	6	1
6	1	3	8	4	9	5	2	7
9	8	7	5	2	1	4	3	6
5	2	1	3	6	4	7	9	8
3	6	4	9	8	7	1	5	2

232

9	8	6	3	1	7	2	4	5
2	4	5	8	9	6	1	3	7
1	3	7	4	2	5	9	8	6
6	2	4	9	7	8	5	1	3
5	1	3	2	6	4	7	9	8
7	9	8	1	5	3	6	2	4
8	6	2	7	3	9	4	5	1
3	7	9	5	4	1	8	6	2
4	5	1	6	8	2	3	7	9

		9	1	3			7	
	7	2			9			6
				7		8		9
	6	8				5		
5	9	4	3	6	8			
2	1				7			5
9						2	1	
		5	2				4	7

233

	7		4		5		6	
1		3						4
4		5	1				7	
5	1				7			
	9	7	8	4	2	6	1	5
8				1		7		
		9		8	4			2
7	8	4				9	3	
					9	4	8	

234

Aanswer

8	5	9	1	3	6	4	7	2
4	7	2	8	5	9	1	3	6
1	3	6	4	7	2	8	5	9
3	6	8	7	2	1	5	9	4
5	9	4	3	6	8	7	2	1
7	2	1	5	9	4	3	6	8
2	1	3	9	4	7	6	8	5
9	4	7	6	8	5	2	1	3
6	8	5	2	1	3	9	4	7

233

9	7	8	4	2	5	3	6	1
1	6	3	9	7	8	5	2	4
4	2	5	1	6	3	8	7	9
5	1	6	3	9	7	2	4	8
3	9	7	8	4	2	6	1	5
8	4	2	5	1	6	7	9	3
6	3	9	7	8	4	1	5	2
7	8	4	2	5	1	9	3	6
2	5	1	6	3	9	4	8	7

234

	5	8						
7	2			6	5		3	
			1			5		6
2								9
5	8	4			3		6	
	3		6				4	5
3		2	5	1			9	
	6						2	3
	4	9			7	6		

235

			9				2	
4	6		8	1	2	5		3
2			5	3	7			
9		6	1		8	3	5	
	4	1	3	2				
5		3						4
6								8
			7			4		
1	9	4			3	7	6	5

236

Aanswer

235

6	5	8	3	4	9	2	1	7
7	2	1	8	6	5	9	3	4
4	9	3	1	7	2	5	8	6
2	1	6	4	5	8	3	7	9
5	8	4	7	9	3	1	6	2
9	3	7	6	2	1	8	4	5
3	7	2	5	1	6	4	9	8
1	6	5	9	8	4	7	2	3
8	4	9	2	3	7	6	5	1

236

7	3	5	9	6	4	8	2	1
4	6	9	8	1	2	5	7	3
2	1	8	5	3	7	9	4	6
9	7	6	1	4	8	3	5	2
8	4	1	3	2	5	6	9	7
5	2	3	6	7	9	1	8	4
6	5	7	4	9	1	2	3	8
3	8	2	7	5	6	4	1	9
1	9	4	2	8	3	7	6	5

2					9	5	6	1
9	8			1	5	2	7	3
	6		7			9		
				5	8	6		2
			1	2			3	
			3		7			
		8		6		1	2	
4						3	9	8
1	2							6

237

	8				6			4
2		1	7		8		9	
			1	2			3	
				6	1		4	
4	7					2		
			3	4	7			
5	2		4		3	8	7	9
7	9				2			
		4						

238

Aanswer

237

2	7	3	8	4	9	5	6	1
9	8	4	6	1	5	2	7	3
5	6	1	7	3	2	9	8	4
7	3	9	4	5	8	6	1	2
8	4	5	1	2	6	7	3	9
6	1	2	3	9	7	8	4	5
3	9	8	5	6	4	1	2	7
4	5	6	2	7	1	3	9	8
1	2	7	9	8	3	4	5	6

238

3	8	7	5	9	6	1	2	4
2	4	1	7	3	8	5	9	6
9	6	5	1	2	4	7	3	8
8	5	9	2	6	1	3	4	7
4	7	3	9	8	5	2	6	1
6	1	2	3	4	7	9	8	5
5	2	6	4	1	3	8	7	9
7	9	8	6	5	2	4	1	3
1	3	4	8	7	9	6	5	2

	2		3	5			4	6
		6		9		1	3	
3	1				7			
				8		5		3
			2		5		1	
			1		6	9	7	8
				7	8			
		2	5					7
6		7				4		

239

9					3	4	7	
		2	8			5		3
5	6	3		4				
	5					2		
2	9	7	5		8	3		
3	4	6		2				8
	1		3			6		4
8	3	5					1	
			1			8		

240

Aanswer

239

8	2	9	3	5	1	7	4	6
4	7	6	8	9	2	1	3	5
3	1	5	4	6	7	2	8	9
1	6	4	7	8	9	5	2	3
7	9	8	2	3	5	6	1	4
2	5	3	1	4	6	9	7	8
5	4	1	6	7	8	3	9	2
9	3	2	5	1	4	8	6	7
6	8	7	9	2	3	4	5	1

240

9	8	1	6	5	3	4	7	2
4	7	2	8	9	1	5	6	3
5	6	3	7	4	2	9	8	1
1	5	8	4	3	6	2	9	7
2	9	7	5	1	8	3	4	6
3	4	6	9	2	7	1	5	8
7	1	9	3	8	5	6	2	4
8	3	5	2	6	4	7	1	9
6	2	4	1	7	9	8	3	5

	7	6			1	5		
1	9	3	2	5	4		6	
		2					3	
		1		6				
	3	8	1		5			
7					9		1	5
3				1	2	4	5	6
		5						2
2		9	5	4	6			3

241

		1	8			9		2
	2		1				7	
	6		9	4				
			6				9	7
9				1				3
	3	6	2	9		5		4
						7		
	8	7		5				1
6		3						9

242

Aanswer

241

8	7	6	3	9	1	5	2	4
1	9	3	2	5	4	7	6	8
4	5	2	6	7	8	9	3	1
5	2	1	4	6	7	3	8	9
9	3	8	1	2	5	6	4	7
7	6	4	8	3	9	2	1	5
3	8	7	9	1	2	4	5	6
6	4	5	7	8	3	1	9	2
2	1	9	5	4	6	8	7	3

242

3	5	1	8	7	6	9	4	2
4	2	9	1	3	5	8	7	6
7	6	8	9	4	2	1	3	5
1	4	5	6	8	3	2	9	7
9	7	2	5	1	4	6	8	3
8	3	6	2	9	7	5	1	4
5	9	4	3	6	1	7	2	8
2	8	7	4	5	9	3	6	1
6	1	3	7	2	8	4	5	9

	4		1		7			9
6		9		5	4		7	
			9	6				
1			4	9	5		8	7
					6			4
9	5	4				1		
3		5	8			7		6
		6			9			
4			6		1		9	5

243

	5					9	7	4
			9			6		
9		4					8	1
4	3	7				1	6	8
	9	5			6	4		7
					3			
		6			1	5	4	
5				6	2	7	1	3
	1		5			8		

244

Aanswer

243

5	4	2	1	8	7	6	3	9
6	3	9	2	5	4	8	7	1
8	7	1	9	6	3	5	4	2
1	6	3	4	9	5	2	8	7
2	8	7	3	1	6	9	5	4
9	5	4	7	2	8	1	6	3
3	9	5	8	4	2	7	1	6
7	1	6	5	3	9	4	2	8
4	2	8	6	7	1	3	9	5

244

6	5	2	3	1	8	9	7	4
3	8	1	9	4	7	6	5	2
9	7	4	6	2	5	3	8	1
4	3	7	2	5	9	1	6	8
2	9	5	1	8	6	4	3	7
1	6	8	4	7	3	2	9	5
8	2	6	7	3	1	5	4	9
5	4	9	8	6	2	7	1	3
7	1	3	5	9	4	8	2	6

6		3		9	1			
8		4		5	3	1	2	9
		1			4	3		
						9	3	
					7		4	8
4	8							2
	4	6			2		7	1
9				1				
		8		4	6		9	

245

7	3	5			6	2		
6							3	5
2		8			7	6	9	
1				5	3			7
	5					1		
9			6	8				
4		3			8	5	2	
5				7	4	8		9
					5			

246

Aanswer

245

6	5	3	2	9	1	4	8	7
8	7	4	6	5	3	1	2	9
2	9	1	8	7	4	3	6	5
1	2	7	4	8	5	9	3	6
3	6	9	1	2	7	5	4	8
4	8	5	3	6	9	7	1	2
5	4	6	9	3	2	8	7	1
9	3	2	7	1	8	6	5	4
7	1	8	5	4	6	2	9	3

246

7	3	5	4	9	6	2	1	8
6	9	4	8	1	2	7	3	5
2	1	8	5	3	7	6	9	4
1	8	6	2	5	3	9	4	7
3	5	2	7	4	9	1	8	6
9	4	7	6	8	1	3	5	2
4	7	3	9	6	8	5	2	1
5	2	1	3	7	4	8	6	9
8	6	9	1	2	5	4	7	3

		5	7	4				
8	6	2	3		5		7	
7	4	9	8	6	2			
				7			2	
2	8					1		7
		1		8	4		5	3
6		8						
	2					3	1	
				2		8	6	5

247

7	5	1					2	
	2	6		1	5	4		
3	9		8				5	
			1	2		5	3	4
4		5		9	8	2		1
1		2		5				
2		8	5		4			
					1		4	
5				3		8	1	

248

Aanswer

247

3	1	5	7	4	9	2	8	6
8	6	2	3	1	5	9	7	4
7	4	9	8	6	2	5	3	1
5	3	6	9	7	1	4	2	8
2	8	4	5	3	6	1	9	7
9	7	1	2	8	4	6	5	3
6	5	8	1	9	3	7	4	2
4	2	7	6	5	8	3	1	9
1	9	3	4	2	7	8	6	5

248

7	5	1	3	4	9	6	2	8
8	2	6	7	1	5	4	9	3
3	9	4	8	6	2	1	5	7
6	8	9	1	2	7	5	3	4
4	3	5	6	9	8	2	7	1
1	7	2	4	5	3	9	8	6
2	1	8	5	7	4	3	6	9
9	6	3	2	8	1	7	4	5
5	4	7	9	3	6	8	1	2

Level 2

	8	9	4		3	6		
7		3					1	
5	2							
			5	9		8		
9	5				8	4	6	
3			7		4	2		5
			9		5	1	4	
		5		4				
		1	6		7	5	8	9

249

5		8	6					
3	6		9			8	5	
		1		5				
2	3					9	8	5
					9	7		
	5	9	3				1	
	2	5						
9		4	2		5		6	
		3	8	9	4		7	

250

Aanswer

249

1	8	9	4	7	3	6	5	2
7	4	3	2	5	6	9	1	8
5	2	6	8	1	9	3	7	4
6	7	4	5	9	2	8	3	1
9	5	2	1	3	8	4	6	7
3	1	8	7	6	4	2	9	5
2	6	7	9	8	5	1	4	3
8	9	5	3	4	1	7	2	6
4	3	1	6	2	7	5	8	9

250

5	7	8	6	3	2	1	4	9
3	6	2	9	4	1	8	5	7
4	9	1	7	5	8	2	3	6
2	3	7	4	1	6	9	8	5
1	4	6	5	8	9	7	2	3
8	5	9	3	2	7	6	1	4
7	2	5	1	6	3	4	9	8
9	8	4	2	7	5	3	6	1
6	1	3	8	9	4	5	7	2

Level 2

	8			5		1		4
7		4				2		9
		9		7				
1		7				4		
	4		7	1	6		8	3
8		3		2	4		1	7
6			8	9			4	
			1		3		9	8
		8			7	3		1

251

1			8		6	2	3	
				9	1		8	
		5			2	1		
5	6							8
		8			5	7		
7		4	1					
			5	2	3			
		1	9		8		5	
3			7			8		6

252

Aanswer

251

3	8	6	9	5	2	1	7	4
7	1	4	6	3	8	2	5	9
5	2	9	4	7	1	8	3	6
1	6	7	3	8	9	4	2	5
2	4	5	7	1	6	9	8	3
8	9	3	5	2	4	6	1	7
6	3	1	8	9	5	7	4	2
4	7	2	1	6	3	5	9	8
9	5	8	2	4	7	3	6	1

252

1	4	9	8	5	6	2	3	7
2	3	7	4	9	1	6	8	5
6	8	5	3	7	2	1	4	9
5	6	3	2	4	7	9	1	8
9	1	8	6	3	5	7	2	4
7	2	4	1	8	9	5	6	3
8	9	6	5	2	3	4	7	1
4	7	1	9	6	8	3	5	2
3	5	2	7	1	4	8	9	6

6	2			4		9		
		5	8		6		7	
	4					6	8	
	5	1	9			2		7
					4			8
		9	6	7		4		
	6							
			3	6		7	2	
7	1	2	4			8		6

253

	9	8		4				
	2			1	5			
			9			4	6	
3	1	6	8		9	7		4
2		7						8
			4			6	3	
		3			4			6
4	7		6					5
	6				8	9		

254

Aanswer

253

6	2	8	7	4	1	9	5	3
9	3	5	8	2	6	1	7	4
1	4	7	5	3	9	6	8	2
4	5	1	9	8	3	2	6	7
2	7	6	1	5	4	3	9	8
3	8	9	6	7	2	4	1	5
8	6	3	2	1	7	5	4	9
5	9	4	3	6	8	7	2	1
7	1	2	4	9	5	8	3	6

254

7	9	8	2	4	6	1	5	3
6	2	4	3	1	5	8	7	9
5	3	1	9	8	7	4	6	2
3	1	6	8	5	9	7	2	4
2	4	7	1	6	3	5	9	8
9	8	5	4	7	2	6	3	1
8	5	3	7	9	4	2	1	6
4	7	9	6	2	1	3	8	5
1	6	2	5	3	8	9	4	7

				2			7	
3	2	5			6			1
6					9	3		2
		2	8	3		4	1	
	3			6			2	
	6		2		5		8	3
		6						
2				5			6	7
8		3	6	7		2		4

255

					7			
8	2				3		9	
1		9	8				4	
				1	9		8	
3	5		7		4		1	2
	9		3					
4	8	3		7	6		2	
9			5		1			
			4	3			7	9

256

Aanswer

255

9	1	4	5	2	3	6	7	8
3	2	5	7	8	6	9	4	1
6	8	7	4	1	9	3	5	2
5	9	2	8	3	7	4	1	6
7	3	8	1	6	4	5	2	9
4	6	1	2	9	5	7	8	3
1	7	6	9	4	2	8	3	5
2	4	9	3	5	8	1	6	7
8	5	3	6	7	1	2	9	4

256

6	3	4	1	9	7	2	5	8
8	2	5	6	4	3	7	9	1
1	7	9	8	5	2	3	4	6
7	4	6	2	1	9	5	8	3
3	5	8	7	6	4	9	1	2
2	9	1	3	8	5	4	6	7
4	8	3	9	7	6	1	2	5
9	6	7	5	2	1	8	3	4
5	1	2	4	3	8	6	7	9

7	3	9					8	
	5		2		8	7		
6		8		7		4		
1	7	3	4			9	2	
				9	2			7
			7			8		4
		7	8		4			9
2		4					7	
3	9		1	5	7			8

257

		7	2	5		4	1	
6					3		5	
	5		8					4
4	7		3	9			2	
	1			6	7			
5				8	6		4	7
			7			2		
7	9	4			2	6		1

258

Aanswer

7	3	9	5	4	1	6	8	2
4	5	1	2	6	8	7	9	3
6	2	8	3	7	9	4	1	5
1	7	3	4	8	5	9	2	6
8	4	5	6	9	2	1	3	7
9	6	2	7	1	3	8	5	4
5	1	7	8	2	4	3	6	9
2	8	4	9	3	6	5	7	1
3	9	6	1	5	7	2	4	8

257

9	3	7	2	5	8	4	1	6
2	8	5	6	1	4	3	7	9
6	4	1	9	7	3	8	5	2
3	5	9	8	2	1	7	6	4
4	7	6	3	9	5	1	2	8
8	1	2	4	6	7	5	9	3
5	2	3	1	8	6	9	4	7
1	6	8	7	4	9	2	3	5
7	9	4	5	3	2	6	8	1

258

9		3						
	8				5	7	3	9
5	1	6					2	
1	2	5						
						6		7
7	6	9	4	3		2	5	
	4	1	7	5	6			
	5			9				2
		8		4				

259

	2		8	3				
4						3	5	
				4	6		7	2
2	6		7		1		3	5
	7	1		9				
	5		6				1	
							2	4
7	4						9	
6	3	9	4			5	8	

260

Aanswer

259

9	7	3	2	8	4	1	6	5
4	8	2	6	1	5	7	3	9
5	1	6	3	7	9	8	2	4
1	2	5	9	6	7	3	4	8
8	3	4	5	2	1	6	9	7
7	6	9	4	3	8	2	5	1
2	4	1	7	5	6	9	8	3
6	5	7	8	9	3	4	1	2
3	9	8	1	4	2	5	7	6

260

1	2	7	8	3	5	4	6	9
4	9	6	2	1	7	3	5	8
3	8	5	9	4	6	1	7	2
2	6	4	7	8	1	9	3	5
8	7	1	5	9	3	2	4	6
9	5	3	6	2	4	8	1	7
5	1	8	3	6	9	7	2	4
7	4	2	1	5	8	6	9	3
6	3	9	4	7	2	5	8	1

8		4		7	9	6		
		7	6	5			4	
			2		8	1		
5		2	8			9		7
7		6		2				
	8				7			
		8	4		1	7		6
	7		5					
			7	3	6			2

261

		8		3			9	4
3	1	2			4			
	4	9	8	7	6		2	1
				1	9	4		
	9	5	7					
4	8				2		5	
				8	3		1	5
	5			9		8		
8		6		2				

262

Aanswer

261

8	2	4	1	7	9	6	5	3
9	1	7	6	5	3	2	4	8
3	6	5	2	4	8	1	7	9
5	3	2	8	1	4	9	6	7
7	9	6	3	2	5	8	1	4
4	8	1	9	6	7	3	2	5
2	5	8	4	9	1	7	3	6
6	7	3	5	8	2	4	9	1
1	4	9	7	3	6	5	8	2

262

7	6	8	2	3	1	5	9	4
3	1	2	9	5	4	7	8	6
5	4	9	8	7	6	3	2	1
6	2	3	5	1	9	4	7	8
1	9	5	7	4	8	6	3	2
4	8	7	3	6	2	1	5	9
9	7	4	6	8	3	2	1	5
2	5	1	4	9	7	8	6	3
8	3	6	1	2	5	9	4	7

6	1		7			2	3	4
	2			1		9	7	
				2	4			
	4						2	7
8	6		2					3
7		2	1	4	3			8
1		6			9	7		
9	8		4					
2		4					5	

263

	2	5			3	9		
1			5				4	
6	3		8			2	5	7
			3					8
			9	8		6		5
	7				6		3	
			1			5	7	
	5	7			4			3
3				9	5			2

264

Aanswer

263

6	1	8	7	9	5	2	3	4
4	2	3	8	1	6	9	7	5
5	9	7	3	2	4	1	8	6
3	4	1	9	6	8	5	2	7
8	6	9	2	5	7	4	1	3
7	5	2	1	4	3	6	9	8
1	3	6	5	8	9	7	4	2
9	8	5	4	7	2	3	6	1
2	7	4	6	3	1	8	5	9

264

7	2	5	4	6	3	9	8	1
1	9	8	5	7	2	3	4	6
6	3	4	8	1	9	2	5	7
5	6	2	3	4	1	7	9	8
4	1	3	9	8	7	6	2	5
8	7	9	2	5	6	1	3	4
2	4	6	1	3	8	5	7	9
9	5	7	6	2	4	8	1	3
3	8	1	7	9	5	4	6	2

Level 2

5	3		2			4		
7		9			4			
4		1	3	6			9	2
6		3	4		9	1		
9			5				3	
1		8		3				4
2	1							
		7				8	5	
8		5	9	7			4	

265

1	7					5	4	9
6		2					1	
	5							
		6	5	4		9	7	
7					8		5	4
	2	4	7			8	3	6
		5			4			3
9		7	8	3		6	2	
				5			9	

266

Aanswer

265

5	3	6	2	9	7	4	1	8
7	2	9	8	1	4	5	6	3
4	8	1	3	6	5	7	9	2
6	7	3	4	2	9	1	8	5
9	4	2	5	8	1	6	3	7
1	5	8	7	3	6	9	2	4
2	1	4	6	5	8	3	7	9
3	9	7	1	4	2	8	5	6
8	6	5	9	7	3	2	4	1

266

1	7	8	6	2	3	5	4	9
6	3	2	4	9	5	7	1	8
4	5	9	1	8	7	3	6	2
3	8	6	5	4	2	9	7	1
7	9	1	3	6	8	2	5	4
5	2	4	7	1	9	8	3	6
2	6	5	9	7	4	1	8	3
9	4	7	8	3	1	6	2	5
8	1	3	2	5	6	4	9	7

	9		2	8				
	3				1		7	
	1	4		7	9	2		
9	4	7		3	5	6		2
	2						3	5
	5		6			7	9	
		9			7		2	
		1	9	4		3		
	7					9		6

267

	4							8
5	3	2		6	8	1		7
		8		4	7	5		
	1			5	3			
			2				1	
		6	8			7		3
					9	6		
	2	9			1	4		5
		1	4	7				9

268

Aanswer

267

7	9	5	2	8	3	4	6	1
8	3	2	4	6	1	5	7	9
6	1	4	5	7	9	2	8	3
9	4	7	8	3	5	6	1	2
1	2	6	7	9	4	8	3	5
3	5	8	6	1	2	7	9	4
4	6	9	3	5	7	1	2	8
2	8	1	9	4	6	3	5	7
5	7	3	1	2	8	9	4	6

268

1	4	7	5	3	2	9	6	8
5	3	2	9	6	8	1	4	7
9	6	8	1	4	7	5	3	2
8	1	4	7	5	3	2	9	6
7	5	3	2	9	6	8	1	4
2	9	6	8	1	4	7	5	3
4	7	5	3	2	9	6	8	1
3	2	9	6	8	1	4	7	5
6	8	1	4	7	5	3	2	9

				7	6	9		2
8	2		3			6		1
		6						3
5					2	3	9	
			4		3			
					1		6	8
	9	4		3	7			
			6	1		4		
1	6				4	7	3	5

269

	1	5		3		2		4
		9		7	4		1	
	7				8			6
	8	1	3					
2		3		4	5	1		
5	4	7				3		2
	2		4	5				3
		8						
1		4			3	6	2	

270

Aanswer

269

4	3	5	1	7	6	9	8	2
8	2	9	3	4	5	6	7	1
7	1	6	2	8	9	5	4	3
5	7	1	8	6	2	3	9	4
6	8	2	4	9	3	1	5	7
9	4	3	7	5	1	2	6	8
2	9	4	5	3	7	8	1	6
3	5	7	6	1	8	4	2	9
1	6	8	9	2	4	7	3	5

270

8	1	5	9	3	6	2	7	4
6	3	9	2	7	4	5	1	8
4	7	2	5	1	8	9	3	6
9	8	1	3	6	2	7	4	5
2	6	3	7	4	5	1	8	9
5	4	7	1	8	9	3	6	2
7	2	6	4	5	1	8	9	3
3	9	8	6	2	7	4	5	1
1	5	4	8	9	3	6	2	7

5						1	2	8
		6	8		2		9	
	8		3			4		7
	6	1			5	7	4	9
		5		7		8	1	
7								2
	4				3			
	1			9			8	4
9	5				8	2		1

271

1			9	7	3			2
			2			8		
							3	9
6			1	9	8			3
		3		5		9	8	
8	9			2				
		8				1	5	
	4				5			8
5	1	6	8		9			7

272

Aanswer

271

5	3	9	7	4	6	1	2	8
4	7	6	8	1	2	5	9	3
1	8	2	3	5	9	4	6	7
8	6	1	2	3	5	7	4	9
3	2	5	9	7	4	8	1	6
7	9	4	6	8	1	3	5	2
6	4	8	1	2	3	9	7	5
2	1	3	5	9	7	6	8	4
9	5	7	4	6	8	2	3	1

272

1	8	5	9	7	3	6	4	2
3	7	9	2	6	4	8	1	5
4	6	2	5	8	1	7	3	9
6	5	4	1	9	8	2	7	3
7	2	3	4	5	6	9	8	1
8	9	1	3	2	7	5	6	4
9	3	8	7	4	2	1	5	6
2	4	7	6	1	5	3	9	8
5	1	6	8	3	9	4	2	7

					3			7
						4	2	1
8		5	4	2		9		
9					6			8
	6	3		4	8	1		2
4		7			2			6
3			6				1	
	4					6		5
	5		8				3	9

273

						5	7	
	6			9			4	
4	1		6		7			2
	7	2						
	4	6			9		8	
	3		4			2	9	
	9		8	4		7		
		4			2		1	9
		7	9	3	1		6	

274

Aanswer

273

2	1	4	9	6	3	5	8	7
6	3	9	5	8	7	4	2	1
8	7	5	4	2	1	9	6	3
9	2	1	3	5	6	7	4	8
5	6	3	7	4	8	1	9	2
4	8	7	1	9	2	3	5	6
3	9	2	6	7	5	8	1	4
1	4	8	2	3	9	6	7	5
7	5	6	8	1	4	2	3	9

274

3	2	9	1	8	4	5	7	6
7	6	5	2	9	3	8	4	1
4	1	8	6	5	7	9	3	2
9	7	2	3	1	8	6	5	4
5	4	6	7	2	9	1	8	3
8	3	1	4	6	5	2	9	7
1	9	3	8	4	6	7	2	5
6	8	4	5	7	2	3	1	9
2	5	7	9	3	1	4	6	8

		2					9	
8			9	6		2		3
			4		2	5		8
			6	5		9		
	3	9	8	2	4			5
1	7	6	2			8	5	4
4						3	2	
		3	5	4		6	7	

275

	5	3			2	1		
1	9				3	4	2	
		2		1	8			5
		4						
	3	1		5				
	2		8			9	1	
2			1	8	7			6
	1				9		5	
3		9			5	8		

276

Aanswer

275

3	4	2	1	8	5	7	9	6
8	1	5	9	6	7	2	4	3
6	9	7	4	3	2	5	1	8
2	8	4	6	5	1	9	3	7
5	6	1	3	7	9	4	8	2
7	3	9	8	2	4	1	6	5
1	7	6	2	9	3	8	5	4
4	5	8	7	1	6	3	2	9
9	2	3	5	4	8	6	7	1

276

6	5	3	7	4	2	1	8	9
1	9	8	5	6	3	4	2	7
4	7	2	9	1	8	6	3	5
7	8	4	3	9	1	5	6	2
9	3	1	2	5	6	7	4	8
5	2	6	8	7	4	9	1	3
2	4	5	1	8	7	3	9	6
8	1	7	6	3	9	2	5	4
3	6	9	4	2	5	8	7	1

				9		5		6
9	1	2		7	6	3	8	
7	6							1
2				5			3	
3			4		8	1		
			6		7			8
	3			1				5
1						7	4	3
		9				8	1	

277

	8		3	4			2	1
							7	6
1	9				6		4	
4				3			9	
		9	5		4			2
	1		6	9		5		4
		1						
8			2	5	3		1	
	2			1		4		8

278

Aanswer

277

8	4	3	2	9	1	5	7	6
9	1	2	5	7	6	3	8	4
7	6	5	3	8	4	2	9	1
2	8	4	1	5	9	6	3	7
3	7	6	4	2	8	1	5	9
5	9	1	6	3	7	4	2	8
4	3	7	8	1	2	9	6	5
1	2	8	9	6	5	7	4	3
6	5	9	7	4	3	8	1	2

278

6	8	7	3	4	5	9	2	1
5	3	4	9	2	1	8	7	6
1	9	2	8	7	6	3	4	5
4	5	8	1	3	2	6	9	7
7	6	9	5	8	4	1	3	2
2	1	3	6	9	7	5	8	4
9	7	1	4	6	8	2	5	3
8	4	6	2	5	3	7	1	9
3	2	5	7	1	9	4	6	8

8			5			1		9
5		2				6	8	
			8		4			3
	8	4		3	5	9		7
6			2	9				
		9		4	8		6	
		8	4		6			
3	2					5		6
	6							1

279

5	4			6			3	2
		7			5	6		
	1	6	3					5
	8	4	2			3		
			5		9	4		
9	5					1		7
4		5			1	2		3
	7	8				5		
3			6					

280

Aanswer

8	4	6	5	2	3	1	7	9
5	3	2	7	1	9	6	8	4
7	9	1	8	6	4	2	5	3
1	8	4	6	3	5	9	2	7
6	5	3	2	9	7	4	1	8
2	7	9	1	4	8	3	6	5
9	1	8	4	5	6	7	3	2
3	2	7	9	8	1	5	4	6
4	6	5	3	7	2	8	9	1

279

5	4	9	1	6	8	7	3	2
2	3	7	4	9	5	6	1	8
8	1	6	3	7	2	9	4	5
6	8	4	2	1	7	3	5	9
7	2	1	5	3	9	4	8	6
9	5	3	8	4	6	1	2	7
4	6	5	7	8	1	2	9	3
1	7	8	9	2	3	5	6	4
3	9	2	6	5	4	8	7	1

280

				8			5	
3		1	4			2		
4	7	5		6				8
9		6			8	5		3
	3			4	6			
		8	5				6	
			6	5	4	8	2	9
	5	4	8				3	1
			7	1		6	4	

281

				4		8		
9	8	3						2
	1				8			5
4	5	6		1	2	9	8	
		8		6				
3					9			4
8	3	2	6			4	5	1
						3		
	4		8	2	3			

282

Aanswer

281

2	6	9	3	8	1	4	5	7
3	8	1	4	7	5	2	9	6
4	7	5	2	6	9	3	1	8
9	4	6	1	2	8	5	7	3
5	3	7	9	4	6	1	8	2
1	2	8	5	3	7	9	6	4
7	1	3	6	5	4	8	2	9
6	5	4	8	9	2	7	3	1
8	9	2	7	1	3	6	4	5

282

5	6	7	2	4	1	8	3	9
9	8	3	5	7	6	1	4	2
2	1	4	9	3	8	6	7	5
4	5	6	3	1	2	9	8	7
7	9	8	4	6	5	2	1	3
3	2	1	7	8	9	5	6	4
8	3	2	6	9	7	4	5	1
6	7	9	1	5	4	3	2	8
1	4	5	8	2	3	7	9	6

	9			2	5			7
				8	7		9	
7	3			1		2		
					3		1	
		5	1	7	9		2	4
		7	2		4			
		4	7		1		6	
	7	3			2	4		
2			5			3		

283

			2	8			1	5
3		1				8	4	2
8					1			
	1	6		2			3	4
		3		9	6	2		7
2							6	
	3		6	7				8
			3		9		2	6
7			8	4	5			

284

Aanswer

6	9	1	4	2	5	8	3	7
5	4	2	3	8	7	1	9	6
7	3	8	9	1	6	2	4	5
4	2	6	8	5	3	7	1	9
3	8	5	1	7	9	6	2	4
9	1	7	2	6	4	5	8	3
8	5	4	7	3	1	9	6	2
1	7	3	6	9	2	4	5	8
2	6	9	5	4	8	3	7	1

283

6	9	7	2	8	4	3	1	5
3	5	1	9	6	7	8	4	2
8	2	4	5	3	1	6	7	9
9	1	6	7	2	8	5	3	4
5	4	3	1	9	6	2	8	7
2	7	8	4	5	3	9	6	1
1	3	9	6	7	2	4	5	8
4	8	5	3	1	9	7	2	6
7	6	2	8	4	5	1	9	3

284

	4	3						
5		1	4				6	
			2			7		
	6			2				
2			3		5	8		6
		5	6		7		9	1
	5	2	7	6	4	1	8	
	7	4		1			2	
	9							7

285

	9	8		5			6	
7								4
				7	6		8	9
	5	9	7					2
6	2		5	8				
1					3		9	5
4	6				2	9	5	
9			6			3	2	8
								6

286

Aanswer

285

7	4	3	8	9	6	5	1	2
5	2	1	4	7	3	9	6	8
9	8	6	2	5	1	7	3	4
8	6	7	1	2	9	4	5	3
2	1	9	3	4	5	8	7	6
4	3	5	6	8	7	2	9	1
3	5	2	7	6	4	1	8	9
6	7	4	9	1	8	3	2	5
1	9	8	5	3	2	6	4	7

286

2	9	8	4	5	1	7	6	3
7	3	6	9	2	8	5	1	4
5	4	1	3	7	6	2	8	9
8	5	9	7	1	4	6	3	2
6	2	3	5	8	9	1	4	7
1	7	4	2	6	3	8	9	5
4	6	7	8	3	2	9	5	1
9	1	5	6	4	7	3	2	8
3	8	2	1	9	5	4	7	6

6	2							3
		7	6		2	5		9
9				7			1	6
				4			2	1
7		4			9	3	5	
				5	3			7
	8	9						4
5			4					2
				9	8	7	3	

287

5					7		6	
7	9			3				4
	3		2			7		
			7	6	9		8	
9		7		2		4		
	2					9	7	
			4	7	1		9	
	7					2		5
6	8	9				1		7

288

Aanswer

287

6	2	1	9	8	5	4	7	3
3	4	7	6	1	2	5	8	9
9	5	8	3	7	4	2	1	6
8	3	5	7	4	6	9	2	1
7	6	4	1	2	9	3	5	8
1	9	2	8	5	3	6	4	7
2	8	9	5	3	7	1	6	4
5	7	3	4	6	1	8	9	2
4	1	6	2	9	8	7	3	5

288

5	4	2	1	9	7	8	6	3
7	9	1	6	3	8	5	2	4
8	3	6	2	4	5	7	1	9
4	1	5	7	6	9	3	8	2
9	6	7	8	2	3	4	5	1
3	2	8	5	1	4	9	7	6
2	5	3	4	7	1	6	9	8
1	7	4	9	8	6	2	3	5
6	8	9	3	5	2	1	4	7

	3			4		1	2	
4			6	1	2			
1		2	3		9	4		5
	7		2		1			
6				3				
		1		6	8			7
	1	5	8	2			3	4
		6					5	1
9							6	8

289

				3	5		7	9
			1	6			5	
3						6		
	8		5	1	6	4	3	
1	6				3			
	3	7	2				6	
5	1	3	8		4		9	
	4							
2			3	5			4	

290

Aanswer

8	3	9	5	4	7	1	2	6
4	5	7	6	1	2	8	9	3
1	6	2	3	8	9	4	7	5
3	7	4	2	5	1	6	8	9
6	9	8	7	3	4	5	1	2
5	2	1	9	6	8	3	4	7
7	1	5	8	2	6	9	3	4
2	8	6	4	9	3	7	5	1
9	4	3	1	7	5	2	6	8

289

6	2	1	4	3	5	8	7	9
8	7	9	1	6	2	3	5	4
3	5	4	9	8	7	6	2	1
9	8	2	5	1	6	4	3	7
1	6	5	7	4	3	9	8	2
4	3	7	2	9	8	1	6	5
5	1	3	8	7	4	2	9	6
7	4	8	6	2	9	5	1	3
2	9	6	3	5	1	7	4	8

290

Level 2

			3					2
		2		5	6			1
9						7	6	
	6					8		7
	9		8		5			
	8	7				9	2	4
7	2		5		3			9
3			1	9		2	7	
		9		8			3	

291

6	4	8						
	3	5					2	7
		2	5		3	4		
		3	4		7		1	
2		4		5		6	3	
								2
4		6	7		5			
			9	3				4
	8	9					7	1

292

Aanswer

291

6	7	5	3	1	9	4	8	2
8	4	2	7	5	6	3	9	1
9	3	1	4	2	8	7	6	5
1	6	3	9	4	2	8	5	7
2	9	4	8	7	5	6	1	3
5	8	7	6	3	1	9	2	4
7	2	8	5	6	3	1	4	9
3	5	6	1	9	4	2	7	8
4	1	9	2	8	7	5	3	6

292

6	4	8	2	7	1	3	5	9
9	3	5	8	6	4	1	2	7
7	1	2	5	9	3	4	8	6
8	6	3	4	2	7	9	1	5
2	7	4	1	5	9	6	3	8
5	9	1	3	8	6	7	4	2
4	2	6	7	1	5	8	9	3
1	5	7	9	3	8	2	6	4
3	8	9	6	4	2	5	7	1

1	5			9				8
	7	3						2
2		9			8		5	
7		2			5	1	9	
		8	9		6		3	
6	9					8		
						5	1	9
9				6		7		4
			1		9		2	

293

			7			8	1	
	7		2			3		
		8			5			
	6	5		9			2	3
7						5	4	6
		1	6	5		9	7	
				2	3			
		2	9	4		7	8	1
6		4	1	7	8		3	5

294

Aanswer

293

1	5	4	6	9	2	3	7	8
8	7	3	5	4	1	9	6	2
2	6	9	7	3	8	4	5	1
7	3	2	4	8	5	1	9	6
5	4	8	9	1	6	2	3	7
6	9	1	3	2	7	8	4	5
3	2	6	8	7	4	5	1	9
9	1	5	2	6	3	7	8	4
4	8	7	1	5	9	6	2	3

294

5	4	3	7	6	9	8	1	2
9	7	6	2	8	1	3	5	4
1	2	8	4	3	5	6	9	7
4	6	5	8	9	7	1	2	3
7	8	9	3	1	2	5	4	6
2	3	1	6	5	4	9	7	8
8	1	7	5	2	3	4	6	9
3	5	2	9	4	6	7	8	1
6	9	4	1	7	8	2	3	5

Level 2

		5			7		2	1
	3					8		
4				8	5		3	
3								
9		4	5			2	7	6
2	7	6					5	8
		2				7	8	
			8		3	1	6	
		3		1	2			9

295

		8						4
5		4		7		3		
	9				5			8
6	4			8		9		
9		1	3		6		8	5
	8	5				6		3
8	5	6	7		2	4		
4			6		8			7
				3				

296

Aanswer

295

8	9	5	3	6	7	4	2	1
6	3	7	2	4	1	8	9	5
4	2	1	9	8	5	6	3	7
3	5	8	7	2	6	9	1	4
9	1	4	5	3	8	2	7	6
2	7	6	1	9	4	3	5	8
1	6	2	4	5	9	7	8	3
5	4	9	8	7	3	1	6	2
7	8	3	6	1	2	5	4	9

296

1	7	8	2	9	3	5	6	4
5	6	4	8	7	1	3	9	2
3	9	2	4	6	5	1	7	8
6	4	3	5	8	7	9	2	1
9	2	1	3	4	6	7	8	5
7	8	5	1	2	9	6	4	3
8	5	6	7	1	2	4	3	9
4	3	9	6	5	8	2	1	7
2	1	7	9	3	4	8	5	6

		1	7		2	8	4	
	2	6						
9			5		3		2	
	7	3	8	2				1
8	9	2			5		7	
1		4	6	3	7			
	1	9					8	2
2						5	6	
	6							4

297

				8	4	1		9
4	6	8	5					
	5	1	2			8	6	
2		9		3				
	1							
6	8	3	1					2
7	9		3			6		
		2		6	1		9	
		6		5			3	

298

Aanswer

297

5	3	1	7	6	2	8	4	9
7	2	6	9	8	4	1	3	5
9	4	8	5	1	3	6	2	7
6	7	3	8	2	9	4	5	1
8	9	2	1	4	5	3	7	6
1	5	4	6	3	7	2	9	8
4	1	9	3	5	6	7	8	2
2	8	7	4	9	1	5	6	3
3	6	5	2	7	8	9	1	4

298

3	2	7	6	8	4	1	5	9
4	6	8	5	1	9	7	2	3
9	5	1	2	7	3	8	6	4
2	7	9	8	3	6	4	1	5
5	1	4	7	9	2	3	8	6
6	8	3	1	4	5	9	7	2
7	9	5	3	2	8	6	4	1
8	3	2	4	6	1	5	9	7
1	4	6	9	5	7	2	3	8

5		9	2	7		6		
6		8	5				7	
2					8	5	1	9
7		6		9	5	1	4	
1				8				
3		5						
9				6			5	
8		3	9		1			
	6				3			

299

5	1		2	9		8		
	3			5	6	4		
9	2	4	3	7	8		5	
				1	7			
	8					9		4
2			4		9		1	
		2	9					
6	7	1			2			
8				6	1		4	

300

Aanswer

299

5	1	9	2	7	4	6	3	8
6	3	8	5	1	9	2	7	4
2	7	4	6	3	8	5	1	9
7	8	6	3	9	5	1	4	2
1	4	2	7	8	6	3	9	5
3	9	5	1	4	2	7	8	6
9	2	1	4	6	7	8	5	3
8	5	3	9	2	1	4	6	7
4	6	7	8	5	3	9	2	1

300

5	1	6	2	9	4	8	7	3
7	3	8	1	5	6	4	9	2
9	2	4	3	7	8	6	5	1
3	4	9	8	1	7	5	2	6
1	8	7	6	2	5	9	3	4
2	6	5	4	3	9	7	1	8
4	5	2	9	8	3	1	6	7
6	7	1	5	4	2	3	8	9
8	9	3	7	6	1	2	4	5

			4	9		2		
7		9	5	2				
8		2			3			4
6		1		4			2	
		4			2			7
	3		7		6			
	6	3			1	8		
		8						9
							5	

301

		5		8				
	1	4			5		7	
			9					
6		8				3		9
5		3		2			4	
					3	8		2
1		7	3			2		
		2		6			3	
	4						1	6

302

Aanswer

301

3	1	6	4	9	7	2	8	5
7	4	9	5	2	8	6	3	1
8	5	2	1	6	3	9	7	4
6	7	1	8	4	9	5	2	3
9	8	4	3	5	2	1	6	7
2	3	5	7	1	6	4	9	8
5	6	3	9	7	1	8	4	2
4	2	8	6	3	5	7	1	9
1	9	7	2	8	4	3	5	6

302

2	3	5	7	8	6	4	9	1
9	1	4	2	3	5	6	7	8
7	8	6	9	1	4	5	2	3
6	2	8	4	7	1	3	5	9
5	9	3	6	2	8	1	4	7
4	7	1	5	9	3	8	6	2
1	6	7	3	4	9	2	8	5
8	5	2	1	6	7	9	3	4
3	4	9	8	5	2	7	1	6

	9			7	8	4		
				2	1		8	3
8							1	9
	2				9	8		
		8		5	6		9	
			4			5		2
7			5		4	6		
	1				7			
		3						

303

	9			7			3	
	6	2			9	7		
5			3	2				
						4		
2	5			6				8
	8						1	
	7	8		5			9	
	1	3	4		7			
			9		1			7

304

Aanswer

1	9	2	3	7	8	4	5	6
5	6	4	9	2	1	7	8	3
8	3	7	6	4	5	2	1	9
6	2	5	7	1	9	8	3	4
3	4	8	2	5	6	1	9	7
9	7	1	4	8	3	5	6	2
7	8	9	5	3	4	6	2	1
2	1	6	8	9	7	3	4	5
4	5	3	1	6	2	9	7	8

303

8	9	1	5	7	4	2	3	6
3	6	2	8	1	9	7	5	4
5	4	7	3	2	6	1	8	9
1	3	6	7	9	8	4	2	5
2	5	4	1	6	3	9	7	8
7	8	9	2	4	5	6	1	3
4	7	8	6	5	2	3	9	1
9	1	3	4	8	7	5	6	2
6	2	5	9	3	1	8	4	7

304

			2					
					1			9
		6		9			5	7
4	2					8		1
1	3			4				
		7			3	9		4
3			4			5		6
		4			8			3
	8	5					7	

305

	3							
		7		9	4			5
2					7			
		6				8	2	
8			7		6			4
			1		2	3	6	
				4		1		9
	6		9		5		8	
1					8			6

306

Aanswer

305

9	4	3	2	7	5	6	1	8
7	5	2	6	8	1	3	4	9
8	1	6	3	9	4	2	5	7
4	2	9	7	5	6	8	3	1
1	3	8	9	4	2	7	6	5
5	6	7	8	1	3	9	2	4
3	9	1	4	2	7	5	8	6
2	7	4	5	6	8	1	9	3
6	8	5	1	3	9	4	7	2

306

9	3	4	5	2	1	6	7	8
6	8	7	3	9	4	2	1	5
2	5	1	8	6	7	9	4	3
3	7	6	4	5	9	8	2	1
8	1	2	7	3	6	5	9	4
5	4	9	1	8	2	3	6	7
7	2	8	6	4	3	1	5	9
4	6	3	9	1	5	7	8	2
1	9	5	2	7	8	4	3	6

8				1				9
			7			4		
	4				2			
2		9				5		
					5		6	
4		1		2	6	3		8
6					3		5	4
	8	7					9	
	1	4				8		

307

	5		2	3				7
1		7				3		
3		9	8	1				
	3			7				8
	6	8			5			
7			6	4			3	
	4			5	6	2		
							9	
				2				1

308

Aanswer

307

8	7	3	5	1	4	6	2	9
9	2	6	7	3	8	4	1	5
1	4	5	6	9	2	7	8	3
2	6	9	3	8	7	5	4	1
7	3	8	1	4	5	9	6	2
4	5	1	9	2	6	3	7	8
6	9	2	8	7	3	1	5	4
3	8	7	4	5	1	2	9	6
5	1	4	2	6	9	8	3	7

308

6	5	4	2	3	9	1	8	7
1	8	7	5	6	4	3	2	9
3	2	9	8	1	7	6	5	4
9	3	5	1	7	2	4	6	8
4	6	8	3	9	5	7	1	2
7	1	2	6	4	8	9	3	5
8	4	1	9	5	6	2	7	3
2	7	3	4	8	1	5	9	6
5	9	6	7	2	3	8	4	1

			8			1		2
2				7		9		
		9		5	1		7	
		4						
	6		1	8		5		
3				6				
	9						3	7
7				9	6	8		
				3	2		9	4

309

3				6	9			7
	1				3			
		5						
	2		3		8			9
8						2	1	
			4		1	5	8	
		8	6		7		2	
	4				2			8
				9		4		6

310

Aanswer

309

6	7	3	8	4	9	1	5	2
2	5	1	6	7	3	9	4	8
8	4	9	2	5	1	3	7	6
1	8	4	3	2	5	7	6	9
9	6	7	1	8	4	5	2	3
3	2	5	9	6	7	4	8	1
4	9	6	5	1	8	2	3	7
7	3	2	4	9	6	8	1	5
5	1	8	7	3	2	6	9	4

310

3	8	2	5	6	9	1	4	7
4	1	7	2	8	3	6	9	5
9	6	5	7	1	4	8	3	2
1	2	4	3	5	8	7	6	9
8	5	3	9	7	6	2	1	4
6	7	9	4	2	1	5	8	3
5	9	8	6	4	7	3	2	1
7	4	6	1	3	2	9	5	8
2	3	1	8	9	5	4	7	6

								9
	3		4		6	2		
			2				1	
7		9	1	5				
	4		7	2			8	
1		8				7		
8			3	6				7
	7		8				5	
	6	5			4			

311

	4	9	5			8		
					3			
		5		7				
6		7					3	1
5		1		2		9		
			1				2	7
4		8			1			2
	9					4	6	
		2		6		1		

312

Aanswer

311

2	8	7	5	3	1	4	6	9
5	3	1	4	9	6	2	7	8
4	9	6	2	8	7	5	1	3
7	2	9	1	5	8	6	3	4
6	4	3	7	2	9	1	8	5
1	5	8	6	4	3	7	9	2
8	1	2	3	6	5	9	4	7
9	7	4	8	1	2	3	5	6
3	6	5	9	7	4	8	2	1

312

3	4	9	5	1	2	8	7	6
8	7	6	9	4	3	2	1	5
2	1	5	6	7	8	3	4	9
6	2	7	4	8	9	5	3	1
5	3	1	7	2	6	9	8	4
9	8	4	1	3	5	6	2	7
4	6	8	3	9	1	7	5	2
1	9	3	2	5	7	4	6	8
7	5	2	8	6	4	1	9	3

Level
3

		8	5		1	9		
7	1			2				
	9		8					7
			4					6
	5		2	1			4	
						3		
3		9	6		7			
	2		9		4			8
8		6					9	

313

9		6		3	2		4	8
	3			5				
		5					1	2
1					4			9
				2		8		
		8	7					
		9				4	8	
	1					9	7	
8	5			6				3

314

Aanswer

313

4	6	8	5	7	1	9	3	2
7	1	5	3	2	9	6	8	4
2	9	3	8	4	6	1	5	7
1	3	2	4	9	8	5	7	6
6	5	7	2	1	3	8	4	9
9	8	4	7	6	5	3	2	1
3	4	9	6	8	7	2	1	5
5	2	1	9	3	4	7	6	8
8	7	6	1	5	2	4	9	3

314

9	7	6	1	3	2	5	4	8
2	3	1	4	5	8	6	9	7
4	8	5	6	7	9	3	1	2
1	2	3	5	8	4	7	6	9
6	9	7	3	2	1	8	5	4
5	4	8	7	9	6	2	3	1
7	6	9	2	1	3	4	8	5
3	1	2	8	4	5	9	7	6
8	5	4	9	6	7	1	2	3

	6	8			4			3
	9	1	6	5				
			9	3		6		
	7	2	3				6	
	3				6			1
4				1	2			
							5	
2	4				7	8		
	8							9

315

			8					
	7				4	9		1
				2		4		
	6			5		3		
5	1							9
		3	6			7	1	
8		6				2	5	
	9			3		6	4	
3		2			6			

316

Aanswer

315

5	6	8	2	7	4	9	1	3
3	9	1	6	5	8	2	4	7
7	2	4	9	3	1	6	8	5
1	7	2	3	8	9	5	6	4
8	3	9	5	4	6	7	2	1
4	5	6	7	1	2	3	9	8
9	1	7	8	6	3	4	5	2
2	4	5	1	9	7	8	3	6
6	8	3	4	2	5	1	7	9

316

6	3	4	8	1	9	5	7	2
2	7	5	3	6	4	9	8	1
1	8	9	7	2	5	4	3	6
9	6	8	1	5	7	3	2	4
5	1	7	2	4	3	8	6	9
4	2	3	6	9	8	7	1	5
8	4	6	9	7	1	2	5	3
7	9	1	5	3	2	6	4	8
3	5	2	4	8	6	1	9	7

5	9		3					
6	3					2		9
		1			5	8		3
		7	8				4	1
					9			8
				6				
	5			3		4		7
		3			2			5
2		4					1	

317

	1	7	5	3				
			1	4		5		
	5	6			9			4
9				7	2			
	4				5			7
	8	2	4				5	
							3	
	6							1
2	9				8	6		

318

Aanswer

317

5	9	2	3	8	6	1	7	4
6	3	8	4	1	7	2	5	9
7	4	1	9	2	5	8	6	3
9	2	7	8	5	3	6	4	1
4	1	6	2	7	9	5	3	8
3	8	5	1	6	4	7	9	2
8	5	9	6	3	1	4	2	7
1	6	3	7	4	2	9	8	5
2	7	4	5	9	8	3	1	6

318

4	1	7	5	3	6	2	9	8
8	2	9	1	4	7	5	6	3
3	5	6	2	8	9	1	7	4
9	3	5	8	7	2	4	1	6
6	4	1	3	9	5	8	2	7
7	8	2	4	6	1	3	5	9
1	7	8	6	5	4	9	3	2
5	6	4	9	2	3	7	8	1
2	9	3	7	1	8	6	4	5

6			8	9			7	
								5
			7			1		
4			2			3		
	2		6		9			4
9		3		8				
	4	5	1		3			
	1	2					4	
8			4		7	2		

319

				4				
	9	6	5				3	
		5			2			
	6					1	9	
9		3		7				8
		8			1		7	
1		2				4		7
			7			8		2
5		7			8		6	

320

Aanswer

319

6	3	1	8	9	5	4	7	2
2	7	4	3	1	6	9	8	5
5	8	9	7	4	2	1	3	6
4	5	8	2	7	1	3	6	9
1	2	7	6	3	9	8	5	4
9	6	3	5	8	4	7	2	1
7	4	5	1	2	3	6	9	8
3	1	2	9	6	8	5	4	7
8	9	6	4	5	7	2	1	3

320

3	2	1	6	4	9	7	8	5
4	9	6	5	8	7	2	3	1
8	7	5	1	3	2	9	4	6
7	6	4	8	2	5	1	9	3
9	1	3	4	7	6	5	2	8
2	5	8	3	9	1	6	7	4
1	8	2	9	6	3	4	5	7
6	3	9	7	5	4	8	1	2
5	4	7	2	1	8	3	6	9

			9				6	5
2				8	6	3		
				7			1	9
4								6
	5				7	9		
		1	6					
			8			4	7	
8				3				
3	4		2		9	6	5	

321

	8		4		6	5		
				7			9	6
			1				7	3
	2						6	
		3		6				
9					1	7		
	4		5					
2	5			8	7	6		9
				4		2		1

322

Aanswer

321

7	3	4	9	2	1	8	6	5
2	1	9	5	8	6	3	4	7
5	8	6	4	7	3	2	1	9
4	7	3	1	9	2	5	8	6
6	5	8	3	4	7	9	2	1
9	2	1	6	5	8	7	3	4
1	9	2	8	6	5	4	7	3
8	6	5	7	3	4	1	9	2
3	4	7	2	1	9	6	5	8

322

3	8	7	4	9	6	5	1	2
5	1	2	8	7	3	4	9	6
4	9	6	1	2	5	8	7	3
1	2	5	7	3	8	9	6	4
8	7	3	9	6	4	1	2	5
9	6	4	2	5	1	7	3	8
6	4	9	5	1	2	3	8	7
2	5	1	3	8	7	6	4	9
7	3	8	6	4	9	2	5	1

	2			9				
					3			
	4	6	2				8	
			1			5		9
2	1			5			4	
7	9					3		1
	5			7			1	
		4				7	6	
6	8				1			5

323

6				1				
			4					
3	7				6		5	
					8	9		1
8		6		9			3	
1		2				4		8
	3					2	7	
5		7	8					9
9				2			8	

324

Aanswer

323

5	2	1	7	9	8	6	3	4
8	7	9	4	6	3	1	5	2
3	4	6	2	1	5	9	8	7
4	6	8	1	3	2	5	7	9
2	1	3	9	5	7	8	4	6
7	9	5	6	8	4	3	2	1
9	5	2	8	7	6	4	1	3
1	3	4	5	2	9	7	6	8
6	8	7	3	4	1	2	9	5

324

6	8	9	5	1	2	7	4	3
2	1	5	4	7	3	8	9	6
3	7	4	9	8	6	1	5	2
7	5	3	6	4	8	9	2	1
8	4	6	2	9	1	5	3	7
1	9	2	3	5	7	4	6	8
4	3	8	1	6	9	2	7	5
5	2	7	8	3	4	6	1	9
9	6	1	7	2	5	3	8	4

8	9			6				
7			1			9		
		1	4		8			7
6			7		5	1		
	1	3					7	
	2	7	3		9			
4			6	8			5	
			5			3		
								2

325

				5		6	4	
6	9					5	2	
5	7		4					8
1	3				5	4		
		8					9	3
4			9					5
7			6					
8		3		7				1
					2			

326

Aanswer

325

8	9	4	2	6	7	5	1	3
7	6	2	1	5	3	9	4	8
3	5	1	4	9	8	6	2	7
6	4	8	7	2	5	1	3	9
9	1	3	8	4	6	2	7	5
5	2	7	3	1	9	4	8	6
4	3	9	6	8	2	7	5	1
2	8	6	5	7	1	3	9	4
1	7	5	9	3	4	8	6	2

326

3	8	1	2	5	7	6	4	9
6	9	4	1	3	8	5	2	7
5	7	2	4	6	9	3	1	8
1	3	9	8	2	5	4	7	6
2	5	8	7	4	6	1	9	3
4	6	7	9	1	3	2	8	5
7	4	5	6	9	1	8	3	2
8	2	3	5	7	4	9	6	1
9	1	6	3	8	2	7	5	4

		8	3			2	5	
6								
	9						8	
		1		4	9			
				6	1		9	7
	4		5				1	8
1					4		3	2
			2	7		5		
	7		1				4	

327

9								
		2					4	
	4		6			3	5	
		1	5				8	4
	8			2	1			
				8	9		2	7
			3		7	5		
		7	8				1	
8				1			6	3

328

Aanswer

327

4	1	8	3	9	7	2	5	6
6	2	5	4	1	8	9	7	3
3	9	7	6	2	5	1	8	4
8	6	1	7	4	9	3	2	5
5	3	2	8	6	1	4	9	7
7	4	9	5	3	2	6	1	8
1	5	6	9	8	4	7	3	2
9	8	4	2	7	3	5	6	1
2	7	3	1	5	6	8	4	9

328

9	5	3	1	4	8	2	7	6
6	7	2	9	5	3	8	4	1
1	4	8	6	7	2	3	5	9
7	2	1	5	3	6	9	8	4
4	8	9	7	2	1	6	3	5
5	3	6	4	8	9	1	2	7
2	1	4	3	6	7	5	9	8
3	6	7	8	9	5	4	1	2
8	9	5	2	1	4	7	6	3

	3	1	6	9			7	8
					8			4
	7	5		4				
				3		2		
3								7
	6		5				1	
6		2			5			
	8		3		4			9
1		3		6				

329

	3			9	8			
				3	1	9	2	
8			4			3	5	
			7		2			4
2			3			8		
		3		8		6	7	
	5		6			4		7
		1						
9						5		

330

Aanswer

329

4	3	1	6	9	2	5	7	8
9	2	6	7	5	8	1	3	4
8	7	5	1	4	3	9	6	2
7	5	8	4	3	1	2	9	6
3	1	4	9	2	6	8	5	7
2	6	9	5	8	7	4	1	3
6	9	2	8	7	5	3	4	1
5	8	7	3	1	4	6	2	9
1	4	3	2	6	9	7	8	5

330

1	3	5	2	9	8	7	4	6
6	7	4	5	3	1	9	2	8
8	9	2	4	7	6	3	5	1
5	8	9	7	6	2	1	3	4
2	6	7	3	1	4	8	9	5
4	1	3	9	8	5	6	7	2
3	5	8	6	2	9	4	1	7
7	4	1	8	5	3	2	6	9
9	2	6	1	4	7	5	8	3

Level 3

	2			3				6
	5	9	2			3		
4				9	6			
	7							1
						8		
9	4			5			7	
			1		2		3	
	1	6	3		8			
	3	7		4				2

331

5				4			8	2
	3							5
		1						
			7		1	6		3
	9			2		5		7
7			3		9			
	6			7				9
				8	6		2	
		7	9			8		4

332

Aanswer

331

7	2	1	8	3	4	9	5	6
6	5	9	2	1	7	3	8	4
4	8	3	5	9	6	1	2	7
3	7	2	4	8	9	5	6	1
1	6	5	7	2	3	8	4	9
9	4	8	6	5	1	2	7	3
5	9	4	1	6	2	7	3	8
2	1	6	3	7	8	4	9	5
8	3	7	9	4	5	6	1	2

332

5	7	9	6	4	3	1	8	2
6	3	4	2	1	8	9	7	5
2	8	1	5	9	7	4	3	6
8	4	2	7	5	1	6	9	3
3	9	6	8	2	4	5	1	7
7	1	5	3	6	9	2	4	8
4	6	8	1	7	2	3	5	9
9	5	3	4	8	6	7	2	1
1	2	7	9	3	5	8	6	4

8								
		4					5	
	5		2			3	7	
		6	7				1	5
				8	1		4	9
	1			6	4			
1					6		2	3
			3	9		7		
		9	1				6	

333

	2		6		5			
	8	3	1		4	5	7	
7							2	
2		4			7		8	
6			9	3				
	3		4	1				
		6			3	1		
	4							9
				4			5	

334

Aanswer

333

8	7	3	6	1	5	4	9	2
2	9	4	8	3	7	1	5	6
6	5	1	2	4	9	3	7	8
9	4	6	7	2	3	8	1	5
7	3	2	5	8	1	6	4	9
5	1	8	9	6	4	2	3	7
1	8	7	4	5	6	9	2	3
4	6	5	3	9	2	7	8	1
3	2	9	1	7	8	5	6	4

334

4	2	1	6	7	5	3	9	8
9	8	3	1	2	4	5	7	6
7	6	5	3	8	9	4	2	1
2	1	4	5	6	7	9	8	3
6	5	7	9	3	8	2	1	4
8	3	9	4	1	2	7	6	5
5	7	6	8	9	3	1	4	2
1	4	2	7	5	6	8	3	9
3	9	8	2	4	1	6	5	7

			2			1		
2							4	
	6			9				8
3	9			2	8	7		1
		7				5		
5				1	6			
	2	5		7		3		
		6	9		4			
9			8		2			

335

6	9				4			
		8	6			4		1
5	4					9		2
2		3					8	
	6			4		7		3
		4	2			6		
		7			1	8	3	
			9			1		
				5				

336

Aanswer

335

4	3	9	2	8	5	1	7	6
2	5	8	1	6	7	9	4	3
7	6	1	4	9	3	2	5	8
3	9	4	5	2	8	7	6	1
6	1	7	3	4	9	5	8	2
5	8	2	7	1	6	4	3	9
8	2	5	6	7	1	3	9	4
1	7	6	9	3	4	8	2	5
9	4	3	8	5	2	6	1	7

336

6	9	2	5	1	4	3	7	8
7	3	8	6	2	9	4	5	1
5	4	1	7	8	3	9	6	2
2	7	3	1	9	6	5	8	4
1	6	9	8	4	5	7	2	3
8	5	4	2	3	7	6	1	9
9	2	7	4	6	1	8	3	5
3	8	5	9	7	2	1	4	6
4	1	6	3	5	8	2	9	7

		1	6		5	2		
					2		9	
								3
		4			7		8	
	8	6	5					
7				6	1			4
9	7					4		
		5		2	4		7	
4	3			8	9			

337

		4						
5								8
	8			3		9		2
6				1				7
		1	7				9	3
				9	6	2		
	1		5		7			
			1		4		6	5
7				2			8	1

338

Aanswer

337

8	9	1	6	3	5	2	4	7
5	6	3	4	7	2	8	9	1
2	4	7	9	1	8	5	6	3
3	5	4	2	9	7	1	8	6
1	8	6	5	4	3	7	2	9
7	2	9	8	6	1	3	5	4
9	7	8	1	5	6	4	3	2
6	1	5	3	2	4	9	7	8
4	3	2	7	8	9	6	1	5

338

9	2	4	8	7	1	5	3	6
5	6	3	2	4	9	1	7	8
1	8	7	6	3	5	9	4	2
6	3	9	4	1	2	8	5	7
2	4	1	7	5	8	6	9	3
8	7	5	3	9	6	2	1	4
4	1	8	5	6	7	3	2	9
3	9	2	1	8	4	7	6	5
7	5	6	9	2	3	4	8	1

		5						4
			8	6		5		
8		4	3	2		1	9	
		1	4				3	5
				7	9			6
				3	2	9		
2			9				6	
		8			3			
	7					3		

339

		4			8		9	5
	2		4				8	
			5	2		1		
	7						3	
		6						
3			9			5	1	
4				8	7			
	8		1				4	3
				6	4		7	2

340

Aanswer

3	2	5	7	9	1	6	8	4
9	1	7	8	6	4	5	2	3
8	6	4	3	2	5	1	9	7
7	9	1	4	8	6	2	3	5
5	3	2	1	7	9	8	4	6
4	8	6	5	3	2	9	7	1
2	5	3	9	1	7	4	6	8
6	4	8	2	5	3	7	1	9
1	7	9	6	4	8	3	5	2

339

6	1	4	7	3	8	2	9	5
9	2	5	4	1	6	3	8	7
8	3	7	5	2	9	1	6	4
2	7	9	6	5	1	4	3	8
1	5	6	8	4	3	7	2	9
3	4	8	9	7	2	5	1	6
4	6	3	2	8	7	9	5	1
7	8	2	1	9	5	6	4	3
5	9	1	3	6	4	8	7	2

340

		1	4					
	9	3			1		2	
				8				
	3						9	5
		6	5				7	
9		2		7		6		
					7	4		6
5		4				7		8
1		7	6				3	

341

					4		2	9
	9		6				3	
		3	5	2		6		
			7	9		3		8
	6		3	1			4	
3						7		6
		8						
1			4		2		5	
	7		1					

342

Aanswer

341

6	7	1	4	2	5	3	8	9
8	9	3	7	6	1	5	2	4
2	4	5	9	8	3	1	6	7
7	3	8	1	4	6	2	9	5
4	1	6	5	9	2	8	7	3
9	5	2	3	7	8	6	4	1
3	2	9	8	1	7	4	5	6
5	6	4	2	3	9	7	1	8
1	8	7	6	5	4	9	3	2

342

6	1	7	8	3	4	5	2	9
5	9	2	6	7	1	8	3	4
8	4	3	5	2	9	6	7	1
2	5	4	7	9	6	3	1	8
7	6	9	3	1	8	2	4	5
3	8	1	2	4	5	7	9	6
4	2	8	9	5	7	1	6	3
1	3	6	4	8	2	9	5	7
9	7	5	1	6	3	4	8	2

		4	6				2	
2				4		9	7	
	6	9						1
8	2				4			
		1	2			5	4	
4	3					6	8	
				3				
		7			5		1	9
			8				5	

343

1		4	7		3			
	9		1		8	6		
7		6					1	
								4
			8			7		
	2		9	5			8	
6			2		5			1
	1		6			3		
	5	3		9				

344

Aanswer

343

3	1	4	6	9	7	8	2	5
2	5	8	1	4	3	9	7	6
7	6	9	5	8	2	4	3	1
8	2	6	3	5	4	1	9	7
9	7	1	2	6	8	5	4	3
4	3	5	7	1	9	6	8	2
5	4	2	9	3	1	7	6	8
6	8	7	4	2	5	3	1	9
1	9	3	8	7	6	2	5	4

344

1	8	4	7	6	3	2	5	9
5	9	2	1	4	8	6	7	3
7	3	6	5	2	9	4	1	8
8	6	1	3	7	2	5	9	4
9	4	5	8	1	6	7	3	2
3	2	7	9	5	4	1	8	6
6	7	8	2	3	5	9	4	1
4	1	9	6	8	7	3	2	5
2	5	3	4	9	1	8	6	7

	4	5	2	7		8	3	
		6						5
			1	4			6	
	2			8		1		
9							7	
		4			7			
		3		5		7		6
			9		8			1
			7		2		8	

345

		5				2		4
6			4			9		
3	2				9		6	
9	8		6			5		
1	4						9	7
				9			1	6
5		2		8		3		
					7			
8			1					

346

Aanswer

345

1	4	5	2	7	6	8	3	9
2	7	6	8	9	3	4	1	5
3	8	9	1	4	5	2	6	7
6	2	7	3	8	9	1	5	4
9	3	8	5	1	4	6	7	2
5	1	4	6	2	7	3	9	8
8	9	3	4	5	1	7	2	6
7	6	2	9	3	8	5	4	1
4	5	1	7	6	2	9	8	3

346

7	9	5	8	6	1	2	3	4
6	1	8	4	3	2	9	7	5
3	2	4	5	7	9	1	6	8
9	8	7	6	1	4	5	2	3
1	4	6	3	2	5	8	9	7
2	5	3	7	9	8	4	1	6
5	7	2	9	8	6	3	4	1
4	3	1	2	5	7	6	8	9
8	6	9	1	4	3	7	5	2

8	6					1	5	
		9	4			3	6	
4	5				6			
	4			6		7	2	
1		7						9
		6	1				4	
				8				
		2			3		9	7
			5				3	

347

					7		6	3
	6	4					7	8
	7	1		3		9		
	3			4		7		
	2	5	7				3	
9						5		4
	1			6				
5	9				1	2		
			8					

348

Aanswer

347

8	6	3	2	9	7	1	5	4
2	7	9	4	1	5	3	6	8
4	5	1	8	3	6	9	7	2
3	4	5	9	6	8	7	2	1
1	2	7	3	5	4	6	8	9
9	8	6	1	7	2	5	4	3
6	3	4	7	8	9	2	1	5
5	1	2	6	4	3	8	9	7
7	9	8	5	2	1	4	3	6

348

2	5	9	1	8	7	4	6	3
3	6	4	9	2	5	1	7	8
8	7	1	4	3	6	9	5	2
1	3	6	5	4	2	7	8	9
4	2	5	7	9	8	6	3	1
9	8	7	6	1	3	5	2	4
7	1	3	2	6	4	8	9	5
5	9	8	3	7	1	2	4	6
6	4	2	8	5	9	3	1	7

1				4	8	7		
	4						5	1
				5	2		4	3
		3						
	8		9	7		6		
5				8				
2				1		4		
		4		6	9		1	
			7			9		2

349

	5			2	9	4		
4		3					2	
8		2		3	6			
6	1		5					
	2			4		6		
		4		7	1			2
								8
	7		1	5			9	
				9		3		

350

Aanswer

349

1	5	2	3	4	8	7	9	6
3	4	8	6	9	7	2	5	1
6	9	7	1	5	2	8	4	3
9	7	3	5	2	6	1	8	4
4	8	1	9	7	3	6	2	5
5	2	6	4	8	1	3	7	9
2	6	9	8	1	5	4	3	7
7	3	4	2	6	9	5	1	8
8	1	5	7	3	4	9	6	2

350

7	5	1	8	2	9	4	3	6
4	6	3	7	1	5	8	2	9
8	9	2	4	3	6	7	1	5
6	1	7	5	8	2	9	4	3
5	2	8	9	4	3	6	7	1
9	3	4	6	7	1	5	8	2
2	4	9	3	6	7	1	5	8
3	7	6	1	5	8	2	9	4
1	8	5	2	9	4	3	6	7

	6	4					3	8
5				9			1	4
	9	8			4			
7					1	2		5
				8				1
			6					
		9	4				2	7
4				3				9
2	3					5		

351

				7			8	
	6	2		8	4	1		5
	4	3						7
2		6						1
	8			5		6	7	
1		9					3	
	1				2	3		
6				4				
			9					6

352

Aanswer

351

1	6	4	5	7	2	9	3	8
5	7	2	3	9	8	6	1	4
3	9	8	1	6	4	7	5	2
7	8	3	9	4	1	2	6	5
6	2	5	7	8	3	4	9	1
9	4	1	6	2	5	8	7	3
8	1	9	4	5	6	3	2	7
4	5	6	2	3	7	1	8	9
2	3	7	8	1	9	5	4	6

352

5	9	1	2	7	6	4	8	3
7	6	2	3	8	4	1	9	5
8	4	3	5	9	1	2	6	7
2	7	6	4	3	8	9	5	1
3	8	4	1	5	9	6	7	2
1	5	9	6	2	7	8	3	4
9	1	5	7	6	2	3	4	8
6	2	7	8	4	3	5	1	9
4	3	8	9	1	5	7	2	6

				4				
		8			7		5	2
			3					7
		2	6			7		9
3	6				9			
9	4					1		3
	1	5					2	
		9	1					6
6				9		5		8

353

		9	2		6			4
3			4			9		
				8		6	3	
		5						
7			1					
	1		8	6		2		
			7		3		5	9
	9						4	7
4			9		1	8		

354

Aanswer

353

7	9	6	5	4	2	8	3	1
1	3	8	9	6	7	4	5	2
2	5	4	3	8	1	6	9	7
5	8	2	6	1	3	7	4	9
3	6	1	4	7	9	2	8	5
9	4	7	8	2	5	1	6	3
8	1	5	7	3	6	9	2	4
4	2	9	1	5	8	3	7	6
6	7	3	2	9	4	5	1	8

354

8	5	9	2	3	6	7	1	4
3	2	6	4	1	7	9	8	5
1	4	7	5	8	9	6	3	2
6	8	5	3	7	2	4	9	1
7	3	2	1	9	4	5	6	8
9	1	4	8	6	5	2	7	3
2	6	8	7	4	3	1	5	9
5	9	1	6	2	8	3	4	7
4	7	3	9	5	1	8	2	6

2			5	6				
	6		8	1				
4		8			7			9
	8					5		
		2			6		1	
				8				3
	4		2		3			
	9	6	1		8		3	7
7								4

355

					2	3		
		8		3		1		7
			4					
		1			5	9	3	
4	9					2	6	
5	2			9				
	5		9			8	7	
6		7						1
		9			6	5		

356

Aanswer

355

2	3	7	5	6	9	8	4	1
9	6	5	8	1	4	3	7	2
4	1	8	3	2	7	6	5	9
1	8	4	7	3	2	5	9	6
3	7	2	9	5	6	4	1	8
6	5	9	4	8	1	7	2	3
8	4	1	2	7	3	9	6	5
5	9	6	1	4	8	2	3	7
7	2	3	6	9	5	1	8	4

356

7	1	4	8	6	2	3	5	9
2	6	8	5	3	9	1	4	7
9	3	5	4	1	7	6	8	2
8	7	1	6	2	5	9	3	4
4	9	3	1	7	8	2	6	5
5	2	6	3	9	4	7	1	8
3	5	2	9	4	1	8	7	6
6	8	7	2	5	3	4	9	1
1	4	9	7	8	6	5	2	3

Level 3

3			4		9		1	
	9					6		3
			2		6	9		5
		9	7		8	3		
				1			7	2
2					3		9	
6					4			
	4			7	1		8	
		5						

357

6				2			5	
				7	6	3		
		2	5				8	7
	1			8		7	3	
4							1	
		9						
5				3			2	1
			2		9		4	6
	2		4		5			

358

Aanswer

357

3	6	2	4	5	9	7	1	8
5	9	4	1	8	7	6	2	3
8	7	1	2	3	6	9	4	5
1	5	9	7	2	8	3	6	4
4	3	6	9	1	5	8	7	2
2	8	7	6	4	3	5	9	1
6	2	8	3	9	4	1	5	7
9	4	3	5	7	1	2	8	6
7	1	5	8	6	2	4	3	9

358

6	8	7	9	2	3	1	5	4
1	5	4	8	7	6	3	9	2
3	9	2	5	4	1	6	8	7
2	1	5	6	8	4	7	3	9
4	6	8	3	9	7	2	1	5
7	3	9	1	5	2	4	6	8
5	4	6	7	3	8	9	2	1
8	7	3	2	1	9	5	4	6
9	2	1	4	6	5	8	7	3

	6	2	3				5	
								9
		5				7		
	2		6	8				
6		3			4			1
		4	1			8		
5		1	2			4		
				4	7		1	
8		7		9	1			

359

3		5		9			7	
					6			
		9	8					
				4		2		8
	9	4	2				5	
	1	8				6		4
	3	7			4			2
5						1	3	
		2	1				4	

360

Aanswer

359

9	6	2	3	7	8	1	5	4
3	7	8	4	1	5	6	2	9
4	1	5	9	6	2	7	8	3
1	2	9	6	8	3	5	4	7
6	8	3	7	5	4	2	9	1
7	5	4	1	2	9	8	3	6
5	9	1	2	3	6	4	7	8
2	3	6	8	4	7	9	1	5
8	4	7	5	9	1	3	6	2

360

3	6	5	4	9	2	8	7	1
8	7	1	3	5	6	4	2	9
4	2	9	8	1	7	3	6	5
7	5	3	6	4	9	2	1	8
6	9	4	2	8	1	7	5	3
2	1	8	7	3	5	6	9	4
1	3	7	5	6	4	9	8	2
5	4	6	9	2	8	1	3	7
9	8	2	1	7	3	5	4	6

				5			3	8
	9		4		8	1		
3			1					9
			2		3	9	7	
1			9		6			5
		9				2	1	
2			6					
		6	5	8				4
	7							

361

		9				7		
7			8		5			
6	1		3		2	9		8
				3		8		
	5		1					2
3							4	
1				2	3			
	3	7	9			6		
		5		1	4			

362

Aanswer

6	2	1	7	5	9	4	3	8
5	9	7	4	3	8	1	6	2
3	8	4	1	6	2	7	5	9
4	5	8	2	1	3	9	7	6
1	3	2	9	7	6	8	4	5
7	6	9	8	4	5	2	1	3
2	4	3	6	9	1	5	8	7
9	1	6	5	8	7	3	2	4
8	7	5	3	2	4	6	9	1

361

5	8	9	4	6	1	7	2	3
7	2	3	8	9	5	4	6	1
6	1	4	3	7	2	9	5	8
4	6	1	2	3	7	8	9	5
9	5	8	1	4	6	3	7	2
3	7	2	5	8	9	1	4	6
1	4	6	7	2	3	5	8	9
2	3	7	9	5	8	6	1	4
8	9	5	6	1	4	2	3	7

362

Level 3

9				4	3			6
	6	1				4		
	8	4		1	7			
		6		2	5		4	
5	7		9					
4				6				7
2			5	9		3		
							8	
				3				1

363

			4	2				9
7		4	9	5				
3		9			1	2		
8		6	2				9	
		2			9	7		
	1			7	8			
	8	1			6			3
							5	
		3				4		

364

Aanswer

363

9	2	5	8	4	3	1	7	6
7	6	1	2	5	9	4	3	8
3	8	4	6	1	7	5	9	2
1	3	6	7	2	5	8	4	9
5	7	2	9	8	4	6	1	3
4	9	8	3	6	1	2	5	7
2	1	7	5	9	8	3	6	4
6	4	3	1	7	2	9	8	5
8	5	9	4	3	6	7	2	1

364

1	6	8	4	2	7	5	3	9
7	2	4	9	5	3	6	1	8
3	5	9	8	6	1	2	7	4
8	7	6	2	3	4	1	9	5
4	3	2	5	1	9	7	8	6
9	1	5	6	7	8	3	4	2
5	8	1	7	4	6	9	2	3
6	4	7	3	9	2	8	5	1
2	9	3	1	8	5	4	6	7

	3	4			1	5		
	1		5					7
8			4	7				
4	8		3				9	
	9							2
						6		
				1	2		5	
	2	7		6	5			
	5	9	8					1

365

	2				3		4	8
3			9				2	
8		9				5		
	3	6					1	9
5			2				3	7
	1	2		3				
4				7		8	5	
					6			
			1				7	

366

Aanswer

365

7	3	4	2	9	1	5	6	8
9	1	2	5	8	6	4	3	7
8	6	5	4	7	3	2	1	9
4	8	6	3	2	7	1	9	5
5	9	1	6	4	8	3	7	2
2	7	3	1	5	9	6	8	4
3	4	8	7	1	2	9	5	6
1	2	7	9	6	5	8	4	3
6	5	9	8	3	4	7	2	1

366

1	2	7	5	6	3	9	4	8
3	6	5	9	4	8	7	2	1
8	4	9	7	2	1	5	6	3
7	3	6	4	8	5	2	1	9
5	8	4	2	1	9	6	3	7
9	1	2	6	3	7	4	8	5
4	9	1	3	7	2	8	5	6
2	7	3	8	5	6	1	9	4
6	5	8	1	9	4	3	7	2

				3		8		
6			5					9
		8			1			
2					4		7	8
	8	5				6		
	3	6					9	
					7		2	
1	9					7		
8	5		1		2	4		6

367

5								
	1						2	
		2			8		3	4
9				6		4	8	
			7		4			3
	7				9		6	
	6				3	2	9	
			5	9		7	1	
		9	6	1				

368

Aanswer

367

9	2	1	4	3	6	8	5	7
6	4	3	5	7	8	2	1	9
5	7	8	9	2	1	3	6	4
2	1	9	3	6	4	5	7	8
7	8	5	2	1	9	6	4	3
4	3	6	7	8	5	1	9	2
3	6	4	8	5	7	9	2	1
1	9	2	6	4	3	7	8	5
8	5	7	1	9	2	4	3	6

368

5	4	3	9	2	6	8	7	1
8	1	7	4	3	5	6	2	9
6	9	2	1	7	8	5	3	4
9	3	5	2	6	1	4	8	7
1	2	6	7	8	4	9	5	3
4	7	8	3	5	9	1	6	2
7	6	1	8	4	3	2	9	5
3	8	4	5	9	2	7	1	6
2	5	9	6	1	7	3	4	8

	8				6		3	4
7		4				1		
1		2					5	
4					9			
				2		4		
	1		7					5
	4	7	9		8	6		1
	9	5				3		
					3		8	

369

			9			6	3	
	2			7	3			1
6				1			2	
1				2	5		9	
				4	6	8		2
		2				1		4
		5	3	9			7	
4				5				
	8							

370

Aanswer

369

5	8	9	2	1	6	7	3	4
7	3	4	8	9	5	1	6	2
1	6	2	3	4	7	9	5	8
4	7	3	5	8	9	2	1	6
9	5	8	6	2	1	4	7	3
2	1	6	7	3	4	8	9	5
3	4	7	9	5	8	6	2	1
8	9	5	1	6	2	3	4	7
6	2	1	4	7	3	5	8	9

370

5	4	1	9	8	2	6	3	7
9	2	8	6	7	3	5	4	1
6	3	7	5	1	4	9	2	8
1	6	4	8	2	5	7	9	3
7	9	3	1	4	6	8	5	2
8	5	2	7	3	9	1	6	4
2	1	5	3	9	8	4	7	6
4	7	6	2	5	1	3	8	9
3	8	9	4	6	7	2	1	5

			1		7		2	9
	7		4		9			
4				6			8	7
		1						
	8			3		5		6
9								8
2				7				4
		7			4		5	3
			2	5		6		

371

		6		2	8		3	
1	8			7	4			
3	4							8
7		5	6					
	3			5	9	8		
		8			3		7	
						1		
					2		4	
		9	5		6			2

372

Aanswer

3	5	6	1	8	7	4	2	9
1	7	8	4	2	9	3	6	5
4	9	2	3	6	5	1	8	7
5	6	1	7	4	8	9	3	2
7	8	4	9	3	2	5	1	6
9	2	3	5	1	6	7	4	8
2	3	5	6	7	1	8	9	4
6	1	7	8	9	4	2	5	3
8	4	9	2	5	3	6	7	1

371

9	5	6	1	2	8	7	3	4
1	8	2	3	7	4	6	9	5
3	4	7	9	6	5	2	1	8
7	9	5	6	8	1	4	2	3
2	3	4	7	5	9	8	6	1
6	1	8	2	4	3	5	7	9
8	2	3	4	9	7	1	5	6
5	6	1	8	3	2	9	4	7
4	7	9	5	1	6	3	8	2

372

		6		9	5			4
						1		
					4		8	
2		9		5				
	3		9		6	7		
		7			3		2	
		5	4		7		3	
1	7		2		8			
3	8							7

373

	7		9				8	3
				5			9	
					2			
	8			1		9	4	
1		5	4					
2		4				6	5	
		1			4	3	7	
	4			6			1	
6	3							8

374

Aanswer

373

8	2	6	1	9	5	3	7	4
7	4	3	6	8	2	1	9	5
9	5	1	3	7	4	6	8	2
2	6	9	7	5	1	8	4	3
4	3	8	9	2	6	7	5	1
5	1	7	8	4	3	9	2	6
6	9	5	4	1	7	2	3	8
1	7	4	2	3	8	5	6	9
3	8	2	5	6	9	4	1	7

374

5	7	6	9	4	1	2	8	3
3	2	8	6	5	7	1	9	4
4	1	9	8	3	2	7	6	5
7	8	3	5	1	6	9	4	2
1	6	5	4	2	9	8	3	7
2	9	4	3	7	8	6	5	1
9	5	1	2	8	4	3	7	6
8	4	2	7	6	3	5	1	9
6	3	7	1	9	5	4	2	8

	9							
		1	6			4	5	
3						1		
	2			8		6		5
7			2			8		
			5		7		4	
		2		3	8			
				2	9	3		7
8			4			2		1

375

8					9			1
	6					9		2
7		2		1			8	
4					3			
				5				
6	2		4					7
			1			8	3	
1		4			8			6
3		9				5	1	

376

Aanswer

375

5	9	4	8	1	2	7	3	6
2	8	1	6	7	3	4	5	9
3	6	7	9	4	5	1	2	8
4	2	9	3	8	1	6	7	5
7	5	6	2	9	4	8	1	3
1	3	8	5	6	7	9	4	2
9	1	2	7	3	8	5	6	4
6	4	5	1	2	9	3	8	7
8	7	3	4	5	6	2	9	1

376

8	4	3	7	2	9	6	5	1
5	6	1	8	3	4	9	7	2
7	9	2	5	1	6	4	8	3
4	1	8	9	7	3	2	6	5
9	3	7	6	5	2	1	4	8
6	2	5	4	8	1	3	9	7
2	7	6	1	4	5	8	3	9
1	5	4	3	9	8	7	2	6
3	8	9	2	6	7	5	1	4

Level 3

5			4		9	6		
		1			2			
			3		5	1	4	
	2			3	6			7
7				8			5	
				4		8		1
	6				3	2	1	
4				5	8			
	7				4			

377

5				4		8		2
4			8		2	6		3
7				5		1		
8			3	6				
		3			7			5
		9		8	5			
2							9	
	8	7			6		3	
3					8	5		

378

Aanswer

5	3	7	4	1	9	6	8	2
9	4	1	8	6	2	7	3	5
2	8	6	3	7	5	1	4	9
1	2	8	5	3	6	4	9	7
7	9	4	2	8	1	3	5	6
6	5	3	9	4	7	8	2	1
8	6	5	7	9	3	2	1	4
4	1	2	6	5	8	9	7	3
3	7	9	1	2	4	5	6	8

377

5	3	6	1	4	9	8	7	2
4	9	1	8	7	2	6	5	3
7	2	8	6	5	3	1	4	9
8	5	2	3	6	4	9	1	7
6	4	3	9	1	7	2	8	5
1	7	9	2	8	5	3	6	4
2	6	5	4	3	1	7	9	8
9	8	7	5	2	6	4	3	1
3	1	4	7	9	8	5	2	6

378

Level 3

				9	5			
3			1	7		5	9	
	2							
			6			9		5
		1						6
7	6			1			2	
	9				2			7
2	8					1	6	
				6			5	8

379

			2					3
	1	5				6		
7	4	3	8	9				
3					8	2		4
9		1	5					
		4		6		8	9	1
			6					
	3		1	2				
1	9				5			8

380

Aanswer

379

6	1	7	2	9	5	3	8	4
3	4	8	1	7	6	5	9	2
5	2	9	4	8	3	6	7	1
8	3	2	6	4	7	9	1	5
9	5	1	3	2	8	7	4	6
7	6	4	5	1	9	8	2	3
1	9	6	8	5	2	4	3	7
2	8	5	7	3	4	1	6	9
4	7	3	9	6	1	2	5	8

380

8	6	9	2	5	1	4	7	3
2	1	5	7	3	4	6	8	9
7	4	3	8	9	6	1	2	5
3	7	6	9	1	8	2	5	4
9	8	1	5	4	2	7	3	6
5	2	4	3	6	7	8	9	1
4	5	7	6	8	3	9	1	2
6	3	8	1	2	9	5	4	7
1	9	2	4	7	5	3	6	8

	7		9					3
6	5	9		8				1
			4				9	
			8					
2			5			3	8	
9	3			1	2			
7				9	5			
		3	1			4		
8			6				3	

381

			7					4
	7			2		1	9	
	5		9	1	8		7	
	3			4		8	1	7
	2			8		6		
	1				5			
	8	3	6		2			
9								2
	6		4			7	8	

382

Aanswer

381

1	7	4	9	5	6	8	2	3
6	5	9	2	8	3	7	4	1
3	8	2	4	7	1	5	9	6
4	6	5	8	3	9	1	7	2
2	1	7	5	6	4	3	8	9
9	3	8	7	1	2	6	5	4
7	4	6	3	9	5	2	1	8
5	9	3	1	2	8	4	6	7
8	2	1	6	4	7	9	3	5

382

1	9	8	7	3	6	2	5	4
3	7	6	5	2	4	1	9	8
2	5	4	9	1	8	3	7	6
6	3	5	2	4	9	8	1	7
4	2	9	1	8	7	6	3	5
8	1	7	3	6	5	4	2	9
7	8	3	6	5	2	9	4	1
9	4	1	8	7	3	5	6	2
5	6	2	4	9	1	7	8	3

2	7			4				3
			7	2	9			
		8			5	9	2	
3				7	6			8
	8		5					
					2	4	3	
	4	1		9			8	2
				8	7	1		
			4				9	

383

9	4			1		7		
		5			9			1
2	6		8	5				
			2	4		1		6
3								
	7	6	9					
						4		
	1			7				
				2	4	6	5	7

384

Aanswer

383

2	7	9	1	4	8	5	6	3
6	3	5	7	2	9	8	4	1
4	1	8	3	6	5	9	2	7
3	5	4	9	7	6	2	1	8
1	8	2	5	3	4	6	7	9
7	9	6	8	1	2	4	3	5
5	4	1	6	9	3	7	8	2
9	6	3	2	8	7	1	5	4
8	2	7	4	5	1	3	9	6

384

9	4	3	6	1	2	7	8	5
7	8	5	4	3	9	2	6	1
2	6	1	8	5	7	9	4	3
5	9	8	2	4	3	1	7	6
3	2	4	7	6	1	5	9	8
1	7	6	9	8	5	3	2	4
6	5	7	3	9	8	4	1	2
4	1	2	5	7	6	8	3	9
8	3	9	1	2	4	6	5	7

1								6
7	5	9			6			
4			3	1			7	5
3					4	6	8	
				3	7	5		4
		5	6		1		3	
	3	1			9			
			4				6	
	8	4	1	6			2	

385

		2	8			7		
					5			6
	5		6	2	9			
3		6						9
			3			8	7	
	7	8					1	
				3	8		4	2
7					4			
	4	5			6			7

386

Aanswer

385

1	2	3	9	7	5	8	4	6
7	5	9	8	4	6	3	1	2
4	6	8	3	1	2	9	7	5
3	7	2	5	9	4	6	8	1
8	1	6	2	3	7	5	9	4
9	4	5	6	8	1	2	3	7
6	3	1	7	2	9	4	5	8
2	9	7	4	5	8	1	6	3
5	8	4	1	6	3	7	2	9

386

6	9	2	8	1	3	7	5	4
8	3	1	4	7	5	2	9	6
4	5	7	6	2	9	1	3	8
3	1	6	5	8	7	4	2	9
9	2	4	3	6	1	8	7	5
5	7	8	9	4	2	6	1	3
1	6	9	7	3	8	5	4	2
7	8	3	2	5	4	9	6	1
2	4	5	1	9	6	3	8	7

	2	4						7
9						6	5	
		3	7	9				
8			1	2			6	
		1	5		7			
	7					3	2	
4	1				5			
7		6		4	1			
					9	1		8

387

		7		4				8
	9	2						4
4			2		9		5	1
	1			2	4			
7	8	5						
2		9	5					
		4	8					
5	2		1					
		1		9	3			5

388

Aanswer

387

1	2	4	3	5	6	8	9	7
9	8	7	4	1	2	6	5	3
5	6	3	7	9	8	2	1	4
8	4	9	1	2	3	7	6	5
2	3	1	5	6	7	4	8	9
6	7	5	9	8	4	3	2	1
4	1	8	2	3	5	9	7	6
7	9	6	8	4	1	5	3	2
3	5	2	6	7	9	1	4	8

388

1	5	7	3	4	6	2	9	8
8	9	2	7	1	5	3	6	4
4	6	3	2	8	9	7	5	1
3	1	6	9	2	4	5	8	7
7	8	5	6	3	1	9	4	2
2	4	9	5	7	8	6	1	3
9	3	4	8	5	2	1	7	6
5	2	8	1	6	7	4	3	9
6	7	1	4	9	3	8	2	5

6			4		8		5	3
							8	
		4	2	3				
2	1	5			3		6	4
	6		5	2	1	7		
		7						
	9				4		2	
7		3					4	5
		1		7		6		

389

		2			9		5	
7			5			8		
					3	7		9
9			7			3		
					2	6		1
	1				5		8	
	4	3			8			7
	8	9		5	7	2		
			3	2				8

390

Aanswer

389

6	7	9	4	1	8	2	5	3
3	5	2	9	6	7	4	8	1
1	8	4	2	3	5	9	7	6
2	1	5	7	9	3	8	6	4
4	6	8	5	2	1	7	3	9
9	3	7	8	4	6	5	1	2
8	9	6	1	5	4	3	2	7
7	2	3	6	8	9	1	4	5
5	4	1	3	7	2	6	9	8

390

8	3	2	1	7	9	4	5	6
7	9	1	5	4	6	8	2	3
4	6	5	2	8	3	7	1	9
9	2	8	7	6	1	3	4	5
3	5	4	8	9	2	6	7	1
6	1	7	4	3	5	9	8	2
2	4	3	9	1	8	5	6	7
1	8	9	6	5	7	2	3	4
5	7	6	3	2	4	1	9	8

		2			9		8	
6	8				2	9		7
	3							1
	1	8					6	9
	6	3		1				
2				6		8	1	
	9	7					2	8
	4		8					
8		1	5		7	6		

391

4				9				
		9			8		6	3
7					6	2	5	
		7	6			5		
	1					8		
		2		7	9	6		4
			9		2			
	7		3	5				
9	2	8					4	5

392

Aanswer

391

1	5	2	7	3	9	4	8	6
6	8	4	1	5	2	9	3	7
7	3	9	6	8	4	2	5	1
4	1	8	2	7	5	3	6	9
9	6	3	4	1	8	5	7	2
2	7	5	9	6	3	8	1	4
5	9	7	3	4	6	1	2	8
3	4	6	8	2	1	7	9	5
8	2	1	5	9	7	6	4	3

392

4	6	3	2	9	5	7	8	1
2	5	9	7	1	8	4	6	3
7	8	1	4	3	6	2	5	9
8	9	7	6	4	1	5	3	2
6	1	4	5	2	3	8	9	7
5	3	2	8	7	9	6	1	4
3	4	5	9	8	2	1	7	6
1	7	6	3	5	4	9	2	8
9	2	8	1	6	7	3	4	5

1		7	4					3
8	3		9					4
5	4			8	6			
			1	2	4			
	1		5	6				
	5	3				2	4	
					5	9		6
3			6			4		7
		8	7			3		

393

			6				1	
7	2		5			4		
3	4			7			5	
			7			5		2
				2	5	6	3	
2				8				
5			4			9		
	7	4					8	5
	9		8				4	6

394

Aanswer

393

1	9	7	4	5	2	8	6	3
8	3	6	9	1	7	5	2	4
5	4	2	3	8	6	1	7	9
7	8	9	1	2	4	6	3	5
2	1	4	5	6	3	7	9	8
6	5	3	8	7	9	2	4	1
4	7	1	2	3	5	9	8	6
3	2	5	6	9	8	4	1	7
9	6	8	7	4	1	3	5	2

394

9	8	5	6	3	4	2	1	7
7	2	1	5	9	8	4	6	3
3	4	6	1	7	2	8	5	9
8	6	3	7	4	1	5	9	2
4	1	7	9	2	5	6	3	8
2	5	9	3	8	6	1	7	4
5	3	8	4	6	7	9	2	1
6	7	4	2	1	9	3	8	5
1	9	2	8	5	3	7	4	6

				2			3	
				9		6		8
5		3	7		8			4
6	1				2		5	
		4	5	7		1	8	6
			8					
				4	1		2	
	5		9		7	4		
								7

395

2				6		4	9	
		7	9					
	5					1		6
		2		9				
			4	8	5		2	
	8					6		
		6	5	2	8		3	1
			3	1				
7					9			

396

Aanswer

8	6	7	1	2	4	9	3	5
4	2	1	3	9	5	6	7	8
5	9	3	7	6	8	2	1	4
6	1	8	4	3	2	7	5	9
2	3	4	5	7	9	1	8	6
9	7	5	8	1	6	3	4	2
7	8	9	6	4	1	5	2	3
3	5	2	9	8	7	4	6	1
1	4	6	2	5	3	8	9	7

395

2	3	8	7	6	1	4	9	5
1	6	7	9	5	4	2	8	3
4	5	9	8	3	2	1	7	6
3	7	2	1	9	6	5	4	8
6	9	1	4	8	5	3	2	7
5	8	4	2	7	3	6	1	9
9	4	6	5	2	8	7	3	1
8	2	5	3	1	7	9	6	4
7	1	3	6	4	9	8	5	2

396

				9	7	3	1	
		2						
			4	8			7	9
			1		9	5	6	
2		1	5				8	
3								2
		6		5	3		4	
					2			5
5	3	8	9	7				

397

		3		1		7	9	5
1			7	5				2
	9				4			1
			4		2	6		
3	1							7
	2		6					8
				9		1	3	4
	3	1	5	6	8			
9							8	6

398

Aanswer

397

8	5	4	2	9	7	3	1	6
9	7	2	3	6	1	4	5	8
6	1	3	4	8	5	2	7	9
4	8	7	1	2	9	5	6	3
2	9	1	5	3	6	7	8	4
3	6	5	7	4	8	1	9	2
1	2	6	8	5	3	9	4	7
7	4	9	6	1	2	8	3	5
5	3	8	9	7	4	6	2	1

398

2	4	3	8	1	6	7	9	5
1	6	8	7	5	9	3	4	2
5	9	7	3	2	4	8	6	1
8	5	9	4	7	2	6	1	3
3	1	6	9	8	5	4	2	7
7	2	4	6	3	1	9	5	8
6	8	5	2	9	7	1	3	4
4	3	1	5	6	8	2	7	9
9	7	2	1	4	3	5	8	6

					9	1		2
						8		4
9		8	2		6			
	5	6			4	9		1
				9				5
		9			7		4	8
						7	8	
5		2	3					9
		7						6

399

3		9					2	8
7		1				9		3
		6	5		3			
4					2		9	
	6			8			1	
5						7		
9	8	2		5			7	
			7					
6	7	4			9			

400

Aanswer

399

3	7	5	4	8	9	1	6	2
6	2	1	7	5	3	8	9	4
9	4	8	2	1	6	5	3	7
7	5	6	8	3	4	9	2	1
4	8	3	1	9	2	6	7	5
2	1	9	5	6	7	3	4	8
1	9	4	6	2	5	7	8	3
5	6	2	3	7	8	4	1	9
8	3	7	9	4	1	2	5	6

400

3	5	9	4	1	7	6	2	8
7	4	1	2	6	8	9	5	3
8	2	6	5	9	3	1	4	7
4	1	3	6	7	2	8	9	5
2	6	7	9	8	5	3	1	4
5	9	8	1	3	4	7	6	2
9	8	2	3	5	1	4	7	6
1	3	5	7	4	6	2	8	9
6	7	4	8	2	9	5	3	1

		8				4		7
5	6					9		
	4	2			8			
	3	9						1
	7	4		2		5		8
						3	9	
	1			4		8		
				6	7			
		3	8					6

401

			8			5	9	
		1		2				6
						8		7
		5	7					9
	9					7		
7	1	4		9	8	6		3
3	5			4	6	9		
		6		8	7			5
9	8	7						4

402

Aanswer

401

3	9	8	6	5	1	4	2	7
5	6	1	4	7	2	9	8	3
7	4	2	9	3	8	6	1	5
2	3	9	5	8	6	7	4	1
1	7	4	3	2	9	5	6	8
8	5	6	7	1	4	3	9	2
6	1	7	2	4	3	8	5	9
9	8	5	1	6	7	2	3	4
4	2	3	8	9	5	1	7	6

402

4	6	3	8	7	1	5	9	2
8	7	1	5	2	9	4	3	6
5	2	9	4	6	3	8	1	7
6	3	5	7	1	4	2	8	9
2	9	8	6	3	5	7	4	1
7	1	4	2	9	8	6	5	3
3	5	2	1	4	6	9	7	8
1	4	6	9	8	7	3	2	5
9	8	7	3	5	2	1	6	4

8	4	9	6	3			2	
		5			9		3	
6		7						9
		1	3	7		2	5	6
	7		2		6	4	9	
7	8			6				
5		3					8	
9				8	4	5		

403

4		3	6					1
	6			9	1		5	4
			5					
		7	8	5	3		1	
		5						9
2	1				9		8	3
	2		9		6			
			2	8		1		6
						8		5

404

Aanswer

403

8	4	9	6	3	7	1	2	5
1	2	5	8	4	9	6	3	7
6	3	7	1	2	5	8	4	9
4	9	1	3	7	8	2	5	6
3	7	8	2	5	6	4	9	1
2	5	6	4	9	1	3	7	8
7	8	4	5	6	3	9	1	2
5	6	3	9	1	2	7	8	4
9	1	2	7	8	4	5	6	3

404

4	5	3	6	2	8	9	7	1
8	6	2	7	9	1	3	5	4
1	7	9	5	3	4	2	6	8
9	4	7	8	5	3	6	1	2
3	8	5	1	6	2	7	4	9
2	1	6	4	7	9	5	8	3
5	2	8	9	1	6	4	3	7
7	3	4	2	8	5	1	9	6
6	9	1	3	4	7	8	2	5

	8	4						
2	3		9				4	
7						2	5	
			2			5		
5	7	9				4	3	2
		3		9				6
			5	7		9	6	1
			1	6				4
					8			

405

				5		3	7	
			3					
9		7		4		1	6	
	5							7
				8	1	9		
		3		7		5	1	
2	8	5	6				4	3
1							5	
						6		

406

Aanswer

405

6	8	4	3	5	2	7	1	9
2	3	5	9	1	7	6	4	8
7	9	1	8	4	6	2	5	3
1	6	8	2	3	4	5	9	7
5	7	9	6	8	1	4	3	2
4	2	3	7	9	5	1	8	6
8	4	2	5	7	3	9	6	1
3	5	7	1	6	9	8	2	4
9	1	6	4	2	8	3	7	5

406

4	2	8	1	5	6	3	7	9
5	1	6	3	9	7	2	8	4
9	3	7	2	4	8	1	6	5
8	5	1	9	6	3	4	2	7
7	4	2	5	8	1	9	3	6
6	9	3	4	7	2	5	1	8
2	8	5	6	1	9	7	4	3
1	6	9	7	3	4	8	5	2
3	7	4	8	2	5	6	9	1

	6			3				
7	3	5		4		9		
	4		8			5		3
		8		9				
	5	2		1	8		6	9
		7	3				4	
1	8				3			
5	2		1				9	
	7	3				6		8

407

3			4	6		2		
5		8		3		7	6	
	7							
8	3	1			6			
			1	8				
		7		4	5			
7	4			2		9		
1		6			4			
		3	6					5

408

Aanswer

407

8	6	9	7	3	5	1	2	4
7	3	5	2	4	1	9	8	6
2	4	1	8	6	9	5	7	3
4	1	8	6	9	7	2	3	5
3	5	2	4	1	8	7	6	9
6	9	7	3	5	2	8	4	1
1	8	6	9	7	3	4	5	2
5	2	4	1	8	6	3	9	7
9	7	3	5	2	4	6	1	8

408

3	1	9	4	6	7	2	5	8
5	2	8	9	3	1	7	6	4
6	7	4	8	5	2	1	3	9
8	3	1	7	9	6	5	4	2
4	5	2	1	8	3	6	9	7
9	6	7	2	4	5	3	8	1
7	4	5	3	2	8	9	1	6
1	9	6	5	7	4	8	2	3
2	8	3	6	1	9	4	7	5

5	2				8			
		9						4
8	4					7		
	5		8	2			9	1
6		2	1	4	9	3		5
9		4			7		6	
	6			8	4	1		
3		1		5				9
				1				

409

1	7			4			8	6
	3						5	1
6	9			5	7	3		
4		9			1	2		5
8				3		6		
9		1		2				3
				1	8			
7	5		3	6	4			9

410

Aanswer

409

5	2	7	4	6	8	9	1	3
1	3	9	2	7	5	6	8	4
8	4	6	3	9	1	7	5	2
7	5	3	8	2	6	4	9	1
6	8	2	1	4	9	3	7	5
9	1	4	5	3	7	2	6	8
2	6	5	9	8	4	1	3	7
3	7	1	6	5	2	8	4	9
4	9	8	7	1	3	5	2	6

410

1	7	5	2	4	3	9	8	6
2	3	4	6	8	9	7	5	1
6	9	8	1	5	7	3	4	2
4	6	9	8	7	1	2	3	5
5	2	3	4	9	6	1	7	8
8	1	7	5	3	2	6	9	4
9	8	1	7	2	5	4	6	3
3	4	6	9	1	8	5	2	7
7	5	2	3	6	4	8	1	9

		9			4	6	5	
6		2		9		4	1	
4	1				6			
	3				2	9		8
9	6	8					4	5
2	4				9	7		
		4			8		9	
						5		
		3	7	4			2	

411

4					6	7		8
2		1		7				
		7	4	9	5		6	
	1		6	8			9	
						2	1	5
								1
1		6	7		4			
	2	5	1			3		

412

Aanswer

411

3	8	9	1	7	4	6	5	2
6	5	2	8	9	3	4	1	7
4	1	7	5	2	6	3	8	9
7	3	1	4	5	2	9	6	8
9	6	8	3	1	7	2	4	5
2	4	5	6	8	9	7	3	1
5	7	4	2	6	8	1	9	3
8	2	6	9	3	1	5	7	4
1	9	3	7	4	5	8	2	6

412

4	5	9	2	1	6	7	3	8
2	6	1	8	7	3	9	5	4
8	3	7	4	9	5	1	6	2
5	1	2	6	8	7	4	9	3
3	9	4	5	2	1	8	7	6
6	7	8	3	4	9	2	1	5
7	4	3	9	5	2	6	8	1
1	8	6	7	3	4	5	2	9
9	2	5	1	6	8	3	4	7

	7			8	4	2		3
		8			2		7	
	6							
			5			6	8	2
	5					7	3	
6	8			9			5	
		6		7			9	
3			9	1				6
		1	4		8		2	7

413

			7		9		4	3
			6	5	1	8		
		8						
			1					2
		7	3			6	1	
8				7		4		
	5	3		1				
4			5					7
	8		2			3	5	6

414

Aanswer

413

9	7	5	1	8	4	2	6	3
4	1	8	6	3	2	9	7	5
2	6	3	7	5	9	4	1	8
7	3	9	5	4	1	6	8	2
1	5	4	8	2	6	7	3	9
6	8	2	3	9	7	1	5	4
8	4	6	2	7	3	5	9	1
3	2	7	9	1	5	8	4	6
5	9	1	4	6	8	3	2	7

414

1	6	5	7	8	9	2	4	3
3	4	2	6	5	1	8	7	9
9	7	8	4	2	3	5	6	1
5	3	4	1	6	8	7	9	2
2	9	7	3	4	5	6	1	8
8	1	6	9	7	2	4	3	5
6	5	3	8	1	7	9	2	4
4	2	9	5	3	6	1	8	7
7	8	1	2	9	4	3	5	6

Level 3

7				6	3			
1			7				3	
5	3						8	4
	4							
8					9	2		1
3		5						
	7	2		8			1	
9		3	4			6		
					1	4		

415

	8	6	4					1
			3		2			
1	2		6		8	4		5
6	1	8						
						9	7	4
			2			8	1	
2			1			7		9
			7	9	6		4	2
	6				4			8

416

Aanswer

415

7	8	4	5	6	3	1	2	9
1	2	9	7	4	8	5	3	6
5	3	6	1	9	2	7	8	4
2	4	1	8	7	6	3	9	5
8	6	7	3	5	9	2	4	1
3	9	5	2	1	4	8	6	7
4	7	2	6	8	5	9	1	3
9	1	3	4	2	7	6	5	8
6	5	8	9	3	1	4	7	2

416

7	8	6	4	5	9	3	2	1
5	9	4	3	1	2	6	8	7
1	2	3	6	7	8	4	9	5
6	1	8	9	4	7	2	5	3
3	5	2	8	6	1	9	7	4
4	7	9	2	3	5	8	1	6
2	4	5	1	8	3	7	6	9
8	3	1	7	9	6	5	4	2
9	6	7	5	2	4	1	3	8

Level 3

	2	1					4	3
	9							
		3		2	5	9	7	
			9	7				
	7	9					3	
8	4	6				7		
6	3			1	2		9	4
	1	7					6	
9					6	1		

417

6		9		7	5	3		
1			2	3				
				4	9			
		7				1	9	4
			5		7	6		3
	6							
7	8	2			6		4	
		6		5				
4			7					

418

Aanswer

417

5	2	1	8	9	7	6	4	3
7	9	8	3	6	4	2	5	1
4	6	3	1	2	5	9	7	8
3	5	2	9	7	1	4	8	6
1	7	9	6	4	8	5	3	2
8	4	6	2	5	3	7	1	9
6	3	5	7	1	2	8	9	4
2	1	7	4	8	9	3	6	5
9	8	4	5	3	6	1	2	7

418

6	4	9	1	7	5	3	2	8
1	7	5	2	3	8	4	6	9
2	3	8	6	4	9	7	1	5
5	2	7	8	6	3	1	9	4
9	1	4	5	2	7	6	8	3
8	6	3	9	1	4	2	5	7
7	8	2	3	9	6	5	4	1
3	9	6	4	5	1	8	7	2
4	5	1	7	8	2	9	3	6

	1			2	4	8	3	
		2	8				5	
		6	1		5			
			9	3			1	
8						6		
	2	5				9		
2				7		5		
6	3						2	
				1	2		6	7

419

1					3		4	9
		4			6			
	7	3	8				6	5
6				1				
	2	7		8			5	
		5	4			6		8
			5	6				3
				4	2			
		8				9		

420

Aanswer

419

5	1	9	7	2	4	8	3	6
4	7	2	8	6	3	1	5	9
3	8	6	1	9	5	7	4	2
7	6	4	9	3	8	2	1	5
8	9	3	2	5	1	6	7	4
1	2	5	6	4	7	9	8	3
2	4	1	3	7	6	5	9	8
6	3	7	5	8	9	4	2	1
9	5	8	4	1	2	3	6	7

420

1	5	6	2	7	3	8	4	9
8	9	4	1	5	6	2	3	7
2	7	3	8	9	4	1	6	5
6	8	9	3	1	5	4	7	2
4	2	7	6	8	9	3	5	1
3	1	5	4	2	7	6	9	8
9	4	2	5	6	8	7	1	3
7	3	1	9	4	2	5	8	6
5	6	8	7	3	1	9	2	4

							1	3
5				2			8	7
4		8			5			
	8				7			9
3			4					
	1	5			3			8
9	4	2	7					
8		7	3	6	1		2	
					9			

421

				5	3			
		5	4		6	1		
6			1	9				5
1	7	8				5	4	
	5	6		8			2	
	9		5					
				2	9	3		4
	8	2	3		5			
							9	2

422

Aanswer

421

6	2	9	8	7	4	5	1	3
5	3	1	9	2	6	4	8	7
4	7	8	1	3	5	6	9	2
2	8	4	5	1	7	3	6	9
3	9	6	4	8	2	7	5	1
7	1	5	6	9	3	2	4	8
9	4	2	7	5	8	1	3	6
8	5	7	3	6	1	9	2	4
1	6	3	2	4	9	8	7	5

422

8	1	9	2	5	3	4	6	7
3	2	5	4	7	6	1	8	9
6	4	7	1	9	8	2	3	5
1	7	8	9	3	2	5	4	6
4	5	6	7	8	1	9	2	3
2	9	3	5	6	4	7	1	8
7	6	1	8	2	9	3	5	4
9	8	2	3	4	5	6	7	1
5	3	4	6	1	7	8	9	2

Level
3

3				1	4		5	
								9
	8		3			4		
9	7	4				3	6	2
			6	2			9	4
6					7		1	8
4						9		7
	6			7		1	4	
2			4				8	3

423

7	9	3			2			6
		8	6	4				
	4		3		7			8
				2			1	
	2		9			3		5
6								4
4					9	5	3	
9	6	7	2		5	4	8	
		2						

424

Aanswer

423

3	2	9	7	1	4	8	5	6
7	4	1	5	6	8	2	3	9
5	8	6	3	9	2	4	7	1
9	7	4	1	8	5	3	6	2
1	5	8	6	2	3	7	9	4
6	3	2	9	4	7	5	1	8
4	1	5	8	3	6	9	2	7
8	6	3	2	7	9	1	4	5
2	9	7	4	5	1	6	8	3

424

7	9	3	8	5	2	1	4	6
2	5	8	6	4	1	7	9	3
1	4	6	3	9	7	2	5	8
3	7	5	4	2	8	6	1	9
8	2	4	9	1	6	3	7	5
6	1	9	5	7	3	8	2	4
4	8	1	7	6	9	5	3	2
9	6	7	2	3	5	4	8	1
5	3	2	1	8	4	9	6	7

Level 3

3	7		1			8		
				9				4
					3	6		
								7
	8	9		3		2		
1	3			6		4		
5				2	9	7		
			8	4		5		
7	4	8	3					

425

	4				8			
5		9			3			
2	7			5	9		4	3
9		7					6	4
3	5					9		
		4	2			3		
			8		6			
1					5	7	8	6
7			9					

426

Aanswer

425

3	7	4	1	5	6	8	9	2
6	5	1	2	9	8	3	7	4
8	9	2	4	7	3	6	5	1
2	6	5	9	8	4	1	3	7
4	8	9	7	3	1	2	6	5
1	3	7	5	6	2	4	8	9
5	1	3	6	2	9	7	4	8
9	2	6	8	4	7	5	1	3
7	4	8	3	1	5	9	2	6

426

6	4	3	7	2	8	5	1	9
5	1	9	4	6	3	2	7	8
2	7	8	1	5	9	6	4	3
9	2	7	5	3	1	8	6	4
3	5	1	6	8	4	9	2	7
8	6	4	2	9	7	3	5	1
4	3	5	8	7	6	1	9	2
1	9	2	3	4	5	7	8	6
7	8	6	9	1	2	4	3	5

					6		3	
6						5		9
	7	3		2				
7	3	6			5			
				6				
5		4	8			3		
8	9	5			3	4		2
	4					6		
				7	2		5	

427

5		1		7				
	7						1	
	8	2						6
				4	9		6	
	2		3			4		9
9								8
2								
			9			3	7	
		9	7	3	2	5		1

428

Aanswer

427

9	5	2	1	8	6	7	3	4
6	1	8	7	3	4	5	2	9
4	7	3	5	2	9	1	8	6
7	3	6	2	4	5	8	9	1
1	8	9	3	6	7	2	4	5
5	2	4	8	9	1	3	6	7
8	9	5	6	1	3	4	7	2
2	4	7	9	5	8	6	1	3
3	6	1	4	7	2	9	5	8

428

5	9	1	4	7	6	8	2	3
6	7	4	2	8	3	9	1	5
3	8	2	1	9	5	7	4	6
8	1	3	5	4	9	2	6	7
7	2	6	3	1	8	4	5	9
9	4	5	6	2	7	1	3	8
2	3	7	8	5	1	6	9	4
1	5	8	9	6	4	3	7	2
4	6	9	7	3	2	5	8	1

1								2
	6	5	4		1	3		
	8	3						
	3	7	5	2			9	
8			9			7	3	4
					4			
		8	1					9
		6				8	2	
9								5

429

	2	4	1					
						9	1	6
9					8	3		2
				6	1			7
	7					6	5	1
6			3	8			9	4
		8	2	7	3			9
	3		6					
4								

430

Aanswer

429

1	4	9	8	3	7	5	6	2
2	6	5	4	9	1	3	8	7
7	8	3	6	5	2	9	4	1
4	3	7	5	2	8	1	9	6
8	5	2	9	1	6	7	3	4
6	9	1	3	7	4	2	5	8
3	2	8	1	6	5	4	7	9
5	1	6	7	4	9	8	2	3
9	7	4	2	8	3	6	1	5

430

3	2	4	1	9	6	5	7	8
5	8	7	4	3	2	9	1	6
9	6	1	7	5	8	3	4	2
2	4	9	5	6	1	8	3	7
8	7	3	9	2	4	6	5	1
6	1	5	3	8	7	2	9	4
1	5	8	2	7	3	4	6	9
7	3	2	6	4	9	1	8	5
4	9	6	8	1	5	7	2	3

Level
3

		4		9				6
7			1		5	4		2
5								
				3	6			
	1			4		5		
6			8		2	7		
	7	6	2					
1	5			8	4			
	8		6				1	

431

		5		9			4	
		9				8	3	
		7	3		8	6		
7	4	8		6	3			1
5		6		1	2			
	2	1					5	
			6			9		
1			8	3	7			2
			1					3

432

Aanswer

431

8	2	4	3	9	7	1	5	6
7	9	3	1	6	5	4	8	2
5	6	1	4	2	8	3	7	9
9	4	7	5	3	6	8	2	1
2	1	8	7	4	9	5	6	3
6	3	5	8	1	2	7	9	4
3	7	6	2	5	1	9	4	8
1	5	2	9	8	4	6	3	7
4	8	9	6	7	3	2	1	5

432

3	8	5	2	9	6	1	4	7
2	6	9	4	7	1	8	3	5
4	1	7	3	5	8	6	2	9
7	4	8	5	6	3	2	9	1
5	3	6	9	1	2	4	7	8
9	2	1	7	8	4	3	5	6
8	7	3	6	2	5	9	1	4
1	9	4	8	3	7	5	6	2
6	5	2	1	4	9	7	8	3

	1							5
8					7	1		9
	4				3		2	8
2						5	1	3
3			2					7
	8	4		5			6	
						7		1
1	7				9			4
		8				3		

433

1	8	2					9	6
	9	7		2	8	5		4
		4	8				5	
			9		7			8
8			3	1		4		9
			5			3		7
						9	6	
	4	3	2		6		1	5

434

Aanswer

433

9	1	3	8	6	2	4	7	5
8	6	2	5	4	7	1	3	9
5	4	7	9	1	3	6	2	8
2	9	6	7	8	4	5	1	3
3	5	1	2	9	6	8	4	7
7	8	4	3	5	1	9	6	2
6	3	9	4	2	8	7	5	1
1	7	5	6	3	9	2	8	4
4	2	8	1	7	5	3	9	6

434

1	8	2	4	5	3	7	9	6
4	3	5	6	7	9	2	8	1
6	9	7	1	2	8	5	3	4
9	7	4	8	6	2	1	5	3
3	5	1	9	4	7	6	2	8
8	2	6	3	1	5	4	7	9
2	6	9	5	8	1	3	4	7
5	1	8	7	3	4	9	6	2
7	4	3	2	9	6	8	1	5

		8				1	7	3
	6		3			8		
3		1		8			6	2
8	9	7						
1	3				9			
4	2	5				7		8
		9	6					
6				3	8	9		
			5		4	2	1	

435

		8						
2				1		9		3
1	7				9		4	
	3		7	4		1		
	2	7		5			6	8
5								
							3	
		3	2		8	4		7
		1		9	5			

436

Aanswer

9	5	8	2	4	6	1	7	3
2	6	4	3	1	7	8	5	9
3	7	1	9	8	5	4	6	2
8	9	7	4	5	2	6	3	1
1	3	6	8	7	9	5	2	4
4	2	5	1	6	3	7	9	8
5	4	9	6	2	1	3	8	7
6	1	2	7	3	8	9	4	5
7	8	3	5	9	4	2	1	6

435

3	9	8	4	2	6	7	5	1
2	6	4	5	1	7	9	8	3
1	7	5	8	3	9	6	4	2
8	3	6	7	4	2	1	9	5
4	2	7	9	5	1	3	6	8
5	1	9	6	8	3	2	7	4
6	8	2	1	7	4	5	3	9
9	5	3	2	6	8	4	1	7
7	4	1	3	9	5	8	2	6

436

	6	9	1		5		4	
			4	7		9		
					6			
		2				5		3
9			8			2	7	
				2	1		9	
		3		1		4	6	
				3			2	8
2				4	7		5	

437

3		1		4	8	9	2	7
	9						5	
					7			3
5	8				2	3		
		9		8				
		4			1		6	
4				1		5		6
6			8					9
	1	7			6			

438

Aanswer

437

3	6	9	1	8	5	7	4	2
1	5	8	4	7	2	9	3	6
4	2	7	3	9	6	8	1	5
7	1	2	9	6	4	5	8	3
9	4	6	8	5	3	2	7	1
8	3	5	7	2	1	6	9	4
5	9	3	2	1	8	4	6	7
6	7	4	5	3	9	1	2	8
2	8	1	6	4	7	3	5	9

438

3	6	1	5	4	8	9	2	7
7	9	2	1	6	3	4	5	8
8	4	5	2	9	7	6	1	3
5	8	6	4	7	2	3	9	1
1	3	9	6	8	5	7	4	2
2	7	4	9	3	1	8	6	5
4	2	8	7	1	9	5	3	6
6	5	3	8	2	4	1	7	9
9	1	7	3	5	6	2	8	4

5	3						1	
		6			3			
4		2			7			8
8		3						7
		9				1	8	
6			8		1	5		
			7		2	6		1
		1		5				
7		4	3		6	8		

439

6			3				7	
	4		5		2			
	3		4	8				
	1	9				4		
4			1					
	7	8				5	9	
1	8			7		2	5	
	9	5						
7							3	8

440

Aanswer

439

5	3	8	4	2	9	7	1	6
1	7	6	5	8	3	9	4	2
4	9	2	1	6	7	3	5	8
8	1	3	2	9	5	4	6	7
2	5	9	6	7	4	1	8	3
6	4	7	8	3	1	5	2	9
9	8	5	7	4	2	6	3	1
3	6	1	9	5	8	2	7	4
7	2	4	3	1	6	8	9	5

440

6	5	2	3	9	1	8	7	4
8	4	7	5	6	2	9	1	3
9	3	1	4	8	7	6	2	5
5	1	9	7	3	8	4	6	2
4	2	6	1	5	9	3	8	7
3	7	8	2	4	6	5	9	1
1	8	3	6	7	4	2	5	9
2	9	5	8	1	3	7	4	6
7	6	4	9	2	5	1	3	8

9	2	3					7	
		4		9				
	8		7	5	4	9		
	9	7					5	8
6	5			4	7			
		2		6	8			
	4							
	3	9		2		8		
		1	4	8				9

441

							5	
6		7		2	8	1		
			9	1	4	3		6
	4		1		7	8		
	6			8			2	
5								
			4	7				3
		4	6				8	
	5				2			1

442

Aanswer

441

9	2	3	8	1	6	5	7	4
5	7	4	2	9	3	1	8	6
1	8	6	7	5	4	9	2	3
4	9	7	1	3	2	6	5	8
6	5	8	9	4	7	3	1	2
3	1	2	5	6	8	4	9	7
8	4	5	3	7	9	2	6	1
7	3	9	6	2	1	8	4	5
2	6	1	4	8	5	7	3	9

442

4	1	9	7	3	6	2	5	8
6	3	7	5	2	8	1	9	4
8	2	5	9	1	4	3	7	6
9	4	2	1	6	7	8	3	5
7	6	1	3	8	5	4	2	9
5	8	3	2	4	9	6	1	7
2	9	8	4	7	1	5	6	3
1	7	4	6	5	3	9	8	2
3	5	6	8	9	2	7	4	1

			6					9
2	6		8	4				
9		4	5	7		6		
			4	2				
				3	5		2	
6						1		
		8						
	9				7	2		
			9	6	4		8	7

443

4	1	8		2				9
3	9					5	6	2
	2					4		1
1	7	3			4			
								7
						2	4	8
			6	4		7		
				3		6	2	
6			7	5	9			3

444

Aanswer

443

3	5	7	6	1	2	8	4	9
2	6	1	8	4	9	5	7	3
9	8	4	5	7	3	6	1	2
5	1	3	4	2	6	7	9	8
8	7	9	1	3	5	4	2	6
6	4	2	7	9	8	1	3	5
7	3	8	2	5	1	9	6	4
4	9	6	3	8	7	2	5	1
1	2	5	9	6	4	3	8	7

444

4	1	8	5	2	6	3	7	9
3	9	7	4	1	8	5	6	2
5	2	6	3	9	7	4	8	1
1	7	3	2	8	4	9	5	6
2	8	4	9	6	5	1	3	7
9	6	5	1	7	3	2	4	8
8	3	1	6	4	2	7	9	5
7	5	9	8	3	1	6	2	4
6	4	2	7	5	9	8	1	3

9		5	1	3				
	8		9		2	1	3	
					8			
3		8	4					1
	1	6		8	7			
4			5					
6	3	7			4	2	1	5
	5							
	4		2				7	

445

	2							
					5		3	
		7	8	9			6	
9		3		5			1	
			9	4				8
	5				6	4		
4			5	8	9	6		2
5								
7	6	2			1		5	9

446

Aanswer

445

9	2	5	1	3	6	7	4	8
7	8	4	9	5	2	1	3	6
1	6	3	7	4	8	9	5	2
3	7	8	4	2	9	5	6	1
5	1	6	3	8	7	4	2	9
4	9	2	5	6	1	3	8	7
6	3	7	8	9	4	2	1	5
2	5	1	6	7	3	8	9	4
8	4	9	2	1	5	6	7	3

446

6	2	5	3	1	7	9	8	4
8	9	4	6	2	5	1	3	7
3	1	7	8	9	4	2	6	5
9	4	3	2	5	8	7	1	6
1	7	6	9	4	3	5	2	8
2	5	8	1	7	6	4	9	3
4	3	1	5	8	9	6	7	2
5	8	9	7	6	2	3	4	1
7	6	2	4	3	1	8	5	9

				1	5	9		
7								5
		2				4		8
9		6			1		2	7
2	7	5	6		3	8		
					7			
5	9							
		3	1		2	7		9
8					9	3	6	

447

						1		
1	2			3				5
4		5					9	
2						8		7
	3	1				2	6	
		7		4	6			1
	7					3		2
3			5		7		4	8
	4	8						

448

Aanswer

447

3	8	4	2	1	5	9	7	6
7	6	9	4	3	8	2	1	5
1	5	2	9	7	6	4	3	8
9	3	6	8	4	1	5	2	7
2	7	5	6	9	3	8	4	1
4	1	8	5	2	7	6	9	3
5	9	7	3	6	4	1	8	2
6	4	3	1	8	2	7	5	9
8	2	1	7	5	9	3	6	4

448

7	9	3	4	5	8	1	2	6
1	2	6	7	3	9	4	8	5
4	8	5	1	6	2	7	9	3
2	6	4	9	1	3	8	5	7
9	3	1	8	7	5	2	6	4
8	5	7	2	4	6	9	3	1
5	7	9	6	8	4	3	1	2
3	1	2	5	9	7	6	4	8
6	4	8	3	2	1	5	7	9

		7		4	3			9
			5		9			
9	8						6	
		2				3	8	6
7							2	
6	3				5	1		7
			9					
2				7	4			
	6					7	3	4

449

	7		3	4				8
					8		6	
5	8	1						
	9				3			
	3		5		1		2	9
7		5				4	8	3
1	4				5			
			2					4
3	6			1		7		5

450

Aanswer

449

1	2	7	6	4	3	8	5	9
3	4	6	5	8	9	2	7	1
9	8	5	7	2	1	4	6	3
5	9	2	4	1	7	3	8	6
7	1	4	8	3	6	9	2	5
6	3	8	2	9	5	1	4	7
4	7	3	9	6	8	5	1	2
2	5	1	3	7	4	6	9	8
8	6	9	1	5	2	7	3	4

450

6	7	9	3	4	2	1	5	8
4	2	3	1	5	8	9	6	7
5	8	1	9	6	7	3	4	2
2	9	6	4	8	3	5	7	1
8	3	4	5	7	1	6	2	9
7	1	5	6	2	9	4	8	3
1	4	8	7	9	5	2	3	6
9	5	7	2	3	6	8	1	4
3	6	2	8	1	4	7	9	5

	2		5	6	1			
		5					7	
		4					1	
				1				
9	6				5	4		
4		1						
8					7			5
7			9			6	8	3
			6	8		1	4	7

451

			9	1		2		
		2	4	3				7
							3	
2	8		3			7	6	1
		5			4	9		
	7							
	2			7			4	
	4	8		5		6		
1		9				5		

452

Aanswer

451

3	2	7	5	6	1	8	9	4
1	8	5	2	4	9	3	7	6
6	9	4	8	7	3	5	1	2
2	5	3	4	1	8	7	6	9
9	6	8	7	2	5	4	3	1
4	7	1	3	9	6	2	5	8
8	4	6	1	3	7	9	2	5
7	1	2	9	5	4	6	8	3
5	3	9	6	8	2	1	4	7

452

4	3	7	9	1	6	2	8	5
6	5	2	4	3	8	1	9	7
8	9	1	5	2	7	4	3	6
2	8	4	3	9	5	7	6	1
3	1	5	7	6	4	9	2	8
9	7	6	1	8	2	3	5	4
5	2	3	6	7	1	8	4	9
7	4	8	2	5	9	6	1	3
1	6	9	8	4	3	5	7	2

Level 4

	5	2		4				
			1			6		
				2		9		8
		1			4	7	9	3
7		9		1				4
8								
3								6
	6				9	2	7	1
				5				

453

			1			5		
			7	9	8			
				2		8	7	9
1						7		
4		9		8			2	6
		3					9	5
3								
		5	8					7
9	4	8				2		

454

Aanswer

453

6	5	2	9	4	8	1	3	7
9	8	4	1	3	7	6	2	5
1	7	3	6	2	5	9	4	8
5	2	1	8	6	4	7	9	3
7	3	9	5	1	2	8	6	4
8	4	6	7	9	3	5	1	2
3	9	8	2	7	1	4	5	6
4	6	5	3	8	9	2	7	1
2	1	7	4	5	6	3	8	9

454

8	9	7	1	3	6	5	4	2
5	2	4	7	9	8	6	1	3
6	3	1	4	2	5	8	7	9
1	6	2	9	5	4	7	3	8
4	5	9	3	8	7	1	2	6
7	8	3	2	6	1	4	9	5
3	7	6	5	1	2	9	8	4
2	1	5	8	4	9	3	6	7
9	4	8	6	7	3	2	5	1

						3	8	
8		3	4		6		2	
	7	5	3					6
				7				5
7	4		8					
		8	9	6				
	9	7						
3		6				1		
					8		4	

455

	9				5	6		
				4		9		3
2				3				
3		6	5					
							8	9
8	5		2	7				
6		2					7	
						3		
	4	5	3				9	1

456

Aanswer

455

9	6	4	5	2	7	3	8	1
8	1	3	4	9	6	5	2	7
2	7	5	3	8	1	4	9	6
6	3	9	2	7	4	8	1	5
7	4	2	8	1	5	9	6	3
1	5	8	9	6	3	2	7	4
4	9	7	1	5	2	6	3	8
3	8	6	7	4	9	1	5	2
5	2	1	6	3	8	7	4	9

456

1	9	3	7	8	5	6	2	4
5	7	8	6	4	2	9	1	3
2	6	4	9	3	1	7	5	8
3	1	6	5	9	8	2	4	7
4	2	7	1	6	3	5	8	9
8	5	9	2	7	4	1	3	6
6	3	2	8	1	9	4	7	5
9	8	1	4	5	7	3	6	2
7	4	5	3	2	6	8	9	1

6	1							8
							2	
	9		1	2			7	4
			5		9	2		
		4						3
1	2			6	3			
2	8				7			
				9				
	6			3	5	8	9	

457

			6					
	3				5		7	
8	9				7	3		6
				5	8	7		
			9		2			
9		2	1		6	5		
		1	4			2		
								7
	2	9			1	8		

458

Aanswer

457

6	1	2	3	7	4	9	5	8
4	3	7	9	5	8	1	2	6
8	9	5	1	2	6	3	7	4
3	7	6	5	4	9	2	8	1
9	5	4	2	8	1	7	6	3
1	2	8	7	6	3	5	4	9
2	8	9	6	1	7	4	3	5
5	4	3	8	9	2	6	1	7
7	6	1	4	3	5	8	9	2

458

2	1	7	6	3	4	9	5	8
6	3	4	8	9	5	1	7	2
8	9	5	2	1	7	3	4	6
1	4	6	3	5	8	7	2	9
3	5	8	9	7	2	4	6	1
9	7	2	1	4	6	5	8	3
7	6	1	4	8	3	2	9	5
4	8	3	5	2	9	6	1	7
5	2	9	7	6	1	8	3	4

9			3			1		
		2		7	5			
	4		6				5	
				2		5	3	4
							9	
7		9				8		
					1		7	
	3		2					5
			5	9		3	1	

459

						8		3
6	3	8		4		2		
				6		5		9
				8				
		9	7		1			6
5		1	6					
					4			
		7		1				8
3	8		5	9				

460

Aanswer

459

9	7	5	3	4	8	1	2	6
6	1	2	9	7	5	4	8	3
3	4	8	6	1	2	7	5	9
1	8	6	7	2	9	5	3	4
4	5	3	1	8	6	2	9	7
7	2	9	4	5	3	8	6	1
5	9	4	8	3	1	6	7	2
8	3	1	2	6	7	9	4	5
2	6	7	5	9	4	3	1	8

460

4	9	5	1	7	2	8	6	3
6	3	8	9	4	5	2	7	1
7	1	2	3	6	8	5	4	9
2	6	3	4	8	9	1	5	7
8	4	9	7	5	1	3	2	6
5	7	1	6	2	3	9	8	4
1	2	6	8	3	4	7	9	5
9	5	7	2	1	6	4	3	8
3	8	4	5	9	7	6	1	2

		9						
			5	8				
6				4	7	8	5	9
7						5	2	1
						6	7	
		1		6				8
	9		4	2	6			
8		3				2		
			8					

461

	4				1			6
				9			4	
9	8			7				1
6					5			
	7		3	1			9	4
			9			2		
			2				1	9
8							2	
5				8	9			7

462

Aanswer

461

5	8	9	6	1	2	4	3	7
3	4	7	5	8	9	1	6	2
6	1	2	3	4	7	8	5	9
7	6	4	9	3	8	5	2	1
9	3	8	2	5	1	6	7	4
2	5	1	7	6	4	3	9	8
1	9	5	4	2	6	7	8	3
8	7	3	1	9	5	2	4	6
4	2	6	8	7	3	9	1	5

462

7	4	2	5	3	1	9	8	6
3	5	1	8	9	6	7	4	2
9	8	6	4	7	2	3	5	1
6	9	4	7	2	5	1	3	8
2	7	5	3	1	8	6	9	4
1	3	8	9	6	4	2	7	5
4	6	7	2	5	3	8	1	9
8	1	9	6	4	7	5	2	3
5	2	3	1	8	9	4	6	7

Level 4

		2					9	1
					6	2		
	1		5					3
3					9			4
		5	3			9	1	
1	2			4				
			4			3		9
4	8			9	3	1	2	

463

							9	3
	3	5		8		1		
		1		9				6
			8					
5		4		7		6		
1		6						9
						8		
				4			3	5
	1				2	9	6	7

464

Aanswer

463

5	7	2	8	3	4	6	9	1
8	3	4	9	1	6	2	5	7
9	1	6	5	7	2	4	8	3
3	6	8	1	2	9	5	7	4
7	4	5	3	6	8	9	1	2
1	2	9	7	4	5	8	3	6
2	5	1	4	8	7	3	6	9
6	9	3	2	5	1	7	4	8
4	8	7	6	9	3	1	2	5

464

8	6	7	4	2	1	5	9	3
9	3	5	6	8	7	1	2	4
2	4	1	3	9	5	7	8	6
7	9	3	8	1	6	4	5	2
5	2	4	9	7	3	6	1	8
1	8	6	2	5	4	3	7	9
3	5	2	7	6	9	8	4	1
6	7	9	1	4	8	2	3	5
4	1	8	5	3	2	9	6	7

	1			6	3	8		
8							3	
2		6		4				
5		9						
			3	8	6			
		8	5			1	7	
	9	1						
6								3
	2		6		8	4		

465

	1	6				3		2
5	2				4		8	
		7			5			
	4		8	1				
7				2	3	1		
							3	4
				8			9	
	3		6		2		1	
			3			4		

466

Aanswer

9	1	7	2	6	3	8	5	4
8	5	4	9	7	1	2	3	6
2	3	6	8	4	5	9	1	7
5	4	9	1	2	7	3	6	8
1	7	2	3	8	6	5	4	9
3	6	8	5	9	4	1	7	2
4	9	1	7	3	2	6	8	5
6	8	5	4	1	9	7	2	3
7	2	3	6	5	8	4	9	1

465

4	1	6	9	7	8	3	5	2
5	2	3	1	6	4	7	8	9
8	9	7	2	3	5	6	4	1
3	4	2	8	1	6	9	7	5
7	5	9	4	2	3	1	6	8
6	8	1	5	9	7	2	3	4
2	6	4	7	8	1	5	9	3
9	3	5	6	4	2	8	1	7
1	7	8	3	5	9	4	2	6

466

			6			7		3
		6	9					
				2	1			5
		2				6	3	
		3				4		1
		5		8	6			
		1	8			3	7	
	6				2		8	
5								9

467

6								4
	7		8			2		
9				7			6	
			2		5		4	
	6					1		
			3	1			5	2
	8				7			1
	5	9						
3					2	5		9

468

Aanswer

467

1	2	4	6	5	8	7	9	3
8	5	6	9	3	7	1	4	2
7	3	9	4	2	1	8	6	5
9	7	2	5	1	4	6	3	8
6	8	3	2	7	9	4	5	1
4	1	5	3	8	6	9	2	7
2	9	1	8	4	5	3	7	6
3	6	7	1	9	2	5	8	4
5	4	8	7	6	3	2	1	9

468

6	3	8	5	2	9	7	1	4
1	7	4	8	3	6	2	9	5
9	2	5	4	7	1	3	6	8
8	1	3	2	6	5	9	4	7
5	6	2	7	9	4	1	8	3
4	9	7	3	1	8	6	5	2
2	8	6	9	5	7	4	3	1
7	5	9	1	4	3	8	2	6
3	4	1	6	8	2	5	7	9

			6	7		4		
2				5				
					4	1	8	
6			9		2		4	
8	5			6			9	
1					3			4
	3	7					5	1
	8		5				7	

469

		1	9			8	7	4
	4	7						5
2								
6		3	2					9
					6	5		
		2		9				7
						7	6	
9				8			5	
		6		3				2

470

Aanswer

469

5	1	8	6	7	9	4	3	2
2	4	3	8	5	1	9	6	7
7	9	6	3	2	4	1	8	5
6	7	1	9	3	2	5	4	8
8	5	4	1	6	7	2	9	3
3	2	9	4	8	5	7	1	6
1	6	5	7	9	3	8	2	4
9	3	7	2	4	8	6	5	1
4	8	2	5	1	6	3	7	9

470

3	6	1	9	5	2	8	7	4
8	4	7	1	6	3	2	9	5
2	5	9	7	4	8	3	1	6
6	7	3	2	1	5	4	8	9
4	9	8	3	7	6	5	2	1
5	1	2	8	9	4	6	3	7
1	3	5	4	2	9	7	6	8
9	2	4	6	8	7	1	5	3
7	8	6	5	3	1	9	4	2

		2				8	7	
7		9		2				
	6		8				1	
	4					2		
				3	5		6	
5	2		4	7				1
4				5			2	
	1							8
2			7					

471

2						1		7
8	9		3			4		
3					5			
					8			3
9	5			6	3			
	6		4					
								4
7	3		5		9			
	8		7	3				9

472

Aanswer

471

1	5	2	6	4	3	8	7	9
7	8	9	5	2	1	6	3	4
3	6	4	8	9	7	5	1	2
6	4	7	9	1	8	2	5	3
8	9	1	2	3	5	4	6	7
5	2	3	4	7	6	9	8	1
4	7	8	1	5	9	3	2	6
9	1	5	3	6	2	7	4	8
2	3	6	7	8	4	1	9	5

472

2	4	5	8	9	6	1	3	7
8	9	6	3	1	7	4	2	5
3	1	7	2	4	5	9	8	6
4	7	2	9	5	8	6	1	3
9	5	8	1	6	3	7	4	2
1	6	3	4	7	2	5	9	8
5	2	9	6	8	1	3	7	4
7	3	4	5	2	9	8	6	1
6	8	1	7	3	4	2	5	9

Level
4

5								
			3	1			8	
	6	9					5	
	9			8		1	7	
7					3			8
				2		9		
9		3	2		4	5		7
1		7		3		2		

473

							2	
5	4	3				1		
	6	7						4
1		4		5				
		9		8	4			
			7					8
9			4	1				
					8	5		1
4		5		3	2			

474

Aanswer

473

5	3	1	6	9	8	7	2	4
2	7	4	3	1	5	6	8	9
8	6	9	7	4	2	3	5	1
3	9	5	4	8	6	1	7	2
7	1	2	9	5	3	4	6	8
6	4	8	1	2	7	9	3	5
9	8	3	2	6	4	5	1	7
4	2	6	5	7	1	8	9	3
1	5	7	8	3	9	2	4	6

474

8	9	1	5	4	3	7	2	6
5	4	3	2	6	7	1	8	9
2	6	7	8	9	1	3	5	4
1	8	4	3	5	6	9	7	2
7	2	9	1	8	4	6	3	5
3	5	6	7	2	9	4	1	8
9	7	8	4	1	5	2	6	3
6	3	2	9	7	8	5	4	1
4	1	5	6	3	2	8	9	7

	5	7						
								9
	8	2	5	9			3	4
		5			6	1		
	4		1					2
3					5	4		
5			3					8
	3	1	2					5
		9					1	

475

9			3		2			
	7		1	4				
	4	5	9					
	2	1					7	
		3						
8	5					1		2
			5				6	
	9			3		8	5	
					7	4		3

476

Aanswer

9	5	7	6	4	3	8	2	1
4	6	3	8	1	2	5	7	9
1	8	2	5	9	7	6	3	4
2	9	5	4	7	6	1	8	3
7	4	6	1	3	8	9	5	2
3	1	8	9	2	5	4	6	7
5	7	4	3	6	1	2	9	8
6	3	1	2	8	9	7	4	5
8	2	9	7	5	4	3	1	6

475

9	8	6	3	7	2	5	1	4
3	7	2	1	4	5	6	9	8
1	4	5	9	8	6	2	3	7
4	2	1	8	5	9	3	7	6
7	6	3	4	2	1	9	8	5
8	5	9	7	6	3	1	4	2
2	3	4	5	1	8	7	6	9
6	9	7	2	3	4	8	5	1
5	1	8	6	9	7	4	2	3

476

3		5				9		
8	6						3	
	4	9						6
		6						1
		7		6			9	8
			5		1			
			4		2	1		
		1	6			8		
4						3		5

477

1		4				7		3
			2			5		4
	7		1					
		7	6		5		3	
		5				1		
	2						6	
9		8		4		6		
						3		
5		1	9		8			

478

Aanswer

477

3	7	5	8	2	6	9	1	4
8	6	2	1	9	4	5	3	7
1	4	9	3	5	7	2	8	6
2	3	6	9	4	8	7	5	1
5	1	7	2	6	3	4	9	8
9	8	4	5	7	1	6	2	3
6	5	3	4	8	2	1	7	9
7	9	1	6	3	5	8	4	2
4	2	8	7	1	9	3	6	5

478

1	5	4	8	9	6	7	2	3
8	9	6	2	7	3	5	1	4
2	7	3	1	5	4	9	8	6
4	1	7	6	8	5	2	3	9
6	8	5	3	2	9	1	4	7
3	2	9	4	1	7	8	6	5
9	3	8	7	4	2	6	5	1
7	4	2	5	6	1	3	9	8
5	6	1	9	3	8	4	7	2

		9		6		8		
			7				4	2
		8		4				3
3								1
	1			3		5		
				2	4			8
	6	2		8		7	9	
	4					3	8	5

479

		4		2		5		
	3							
	1	7	6	5			4	8
		3		4				5
4			1	7				
					9			
8			5			3		
	4		2					
1	6	5			4			

480

Aanswer

479

4	2	9	3	6	1	8	5	7
6	3	1	7	5	8	9	4	2
5	7	8	2	4	9	1	6	3
3	8	6	9	7	5	4	2	1
2	1	4	8	3	6	5	7	9
7	9	5	1	2	4	6	3	8
8	5	3	4	9	7	2	1	6
1	6	2	5	8	3	7	9	4
9	4	7	6	1	2	3	8	5

480

9	8	4	7	2	1	5	6	3
5	3	6	4	9	8	2	7	1
2	1	7	6	5	3	9	4	8
6	9	3	8	4	2	7	1	5
4	2	8	1	7	5	6	3	9
7	5	1	3	6	9	4	8	2
8	7	2	5	1	6	3	9	4
3	4	9	2	8	7	1	5	6
1	6	5	9	3	4	8	2	7

4	8							
5		9	3		1		7	
				7				
		1						
9	3	2	6	1				5
	5					6		
		3	1					
						1		7
		4		5	9	2		6

481

		3	9				8	
			2					
	1			4		2		3
	5		7			4		8
7	2	1					5	
			1	2			7	
	3						4	5
8				5	4		3	

482

Aanswer

481

4	8	7	5	9	2	3	6	1
5	2	9	3	6	1	4	7	8
3	1	6	4	7	8	5	9	2
6	4	1	7	8	5	9	2	3
9	3	2	6	1	4	7	8	5
7	5	8	9	2	3	6	1	4
2	6	3	1	4	7	8	5	9
8	9	5	2	3	6	1	4	7
1	7	4	8	5	9	2	3	6

482

2	6	3	9	7	1	5	8	4
5	8	4	2	3	6	9	1	7
9	1	7	5	4	8	2	6	3
3	5	6	7	1	2	4	9	8
7	2	1	4	8	9	3	5	6
4	9	8	3	6	5	7	2	1
6	4	5	1	2	3	8	7	9
1	3	2	8	9	7	6	4	5
8	7	9	6	5	4	1	3	2

6	4						7	
	2		9					
7	3			4		8		
	6		2		1		8	
		3						5
		2			8		9	
		7					4	
				8		6		9
			5		4		2	8

483

	1			3		4	6	
				6		7		1
4						5		9
				8				
2	7	8			5			
3	5			9		2		
			1			9		6
	3	7						
		5	8				7	

484

Aanswer

483

6	4	1	8	2	5	9	7	3
5	2	8	9	3	7	1	6	4
7	3	9	1	4	6	8	5	2
9	6	4	2	5	1	3	8	7
8	7	3	4	6	9	2	1	5
1	5	2	3	7	8	4	9	6
2	8	7	6	9	3	5	4	1
4	1	5	7	8	2	6	3	9
3	9	6	5	1	4	7	2	8

484

7	1	2	5	3	9	4	6	8
5	9	3	4	6	8	7	2	1
4	8	6	7	2	1	5	3	9
6	4	9	2	8	7	3	1	5
2	7	8	3	1	5	6	9	4
3	5	1	6	9	4	2	8	7
8	2	4	1	7	3	9	5	6
1	3	7	9	5	6	8	4	2
9	6	5	8	4	2	1	7	3

2			5		6			
	3	9					1	6
					9		2	
3			9		4	8		
		2					7	
			8					1
9			4	8				5
8						1		
6					3	4		

485

5		8	4				6	1
						7		
							2	8
		2	5		4	1	7	
				8		9	5	
					6			
6	9				3			
2			8					7
4						2		3

486

Aanswer

485

2	7	8	5	1	6	3	4	9
4	3	9	7	2	8	5	1	6
1	5	6	3	4	9	7	2	8
3	6	1	9	7	4	8	5	2
5	8	2	6	3	1	9	7	4
7	9	4	8	5	2	6	3	1
9	1	3	4	8	7	2	6	5
8	4	7	2	6	5	1	9	3
6	2	5	1	9	3	4	8	7

486

5	2	8	4	7	9	3	6	1
3	6	1	2	5	8	7	4	9
7	4	9	6	3	1	5	2	8
8	3	2	5	9	4	1	7	6
1	7	6	3	8	2	9	5	4
9	5	4	7	1	6	8	3	2
6	9	7	1	2	3	4	8	5
2	1	3	8	4	5	6	9	7
4	8	5	9	6	7	2	1	3

	6		8				7	3
						6		2
	9			5			1	
		5		4			9	7
			5		8			
4	3					8		
3				2	5	1		6
2		9			1			

487

				7			3	8
8	3		5		4			
		9				5		
				9		4		1
	8						7	
		4				3	8	9
3								6
	5			6		2	1	
		8	2				5	

488

Aanswer

487

5	6	2	8	1	4	9	7	3
1	4	8	3	7	9	6	5	2
7	9	3	2	5	6	4	1	8
6	8	5	1	4	3	2	9	7
9	2	7	5	6	8	3	4	1
4	3	1	7	9	2	8	6	5
3	7	4	9	2	5	1	8	6
2	5	9	6	8	1	7	3	4
8	1	6	4	3	7	5	2	9

488

2	4	5	9	7	6	1	3	8
8	3	1	5	2	4	9	6	7
7	6	9	1	8	3	5	4	2
5	7	6	3	9	8	4	2	1
9	8	3	4	1	2	6	7	5
1	2	4	6	5	7	3	8	9
3	1	2	7	4	5	8	9	6
4	5	7	8	6	9	2	1	3
6	9	8	2	3	1	7	5	4

8			4					9
				1	6	5		8
	1					7	3	
2	5							
		4				8	7	3
		8						
		1		8				
7			6			1	9	
6			5			2		

489

			9		1	5		
	3						4	
1		9	8				7	
		7	4	6				3
		4			9	8		
				5	8		6	
			5	9				
		5			7		2	
			1			3		

490

Aanswer

489

8	2	5	4	3	7	6	1	9
4	3	7	9	1	6	5	2	8
9	1	6	8	2	5	7	3	4
2	5	9	3	7	8	4	6	1
1	6	4	2	5	9	8	7	3
3	7	8	1	6	4	9	5	2
5	9	1	7	8	2	3	4	6
7	8	2	6	4	3	1	9	5
6	4	3	5	9	1	2	8	7

490

6	7	2	9	4	1	5	3	8
5	3	8	2	7	6	1	4	9
1	4	9	8	3	5	6	7	2
8	5	7	4	6	2	9	1	3
2	6	4	3	1	9	8	5	7
9	1	3	7	5	8	2	6	4
4	2	1	5	9	3	7	8	6
3	9	5	6	8	7	4	2	1
7	8	6	1	2	4	3	9	5

	6				1	7		
	8					4		3
4				5				
	5	7					3	4
			6				5	
		4	1			8	9	
3					2			
			9	6	4			1
	4			1				

491

6	7		9					
				4	6	5		
	9	5			3			
1						7		8
5			3	9	1	2		
			8					
	4					8		
7		6			9			4
						6	7	5

492

Aanswer

491

2	6	9	4	3	1	7	8	5
7	8	5	2	9	6	4	1	3
4	1	3	7	5	8	2	6	9
1	5	7	8	2	9	6	3	4
8	9	2	6	4	3	1	5	7
6	3	4	1	7	5	8	9	2
3	7	1	5	8	2	9	4	6
5	2	8	9	6	4	3	7	1
9	4	6	3	1	7	5	2	8

492

6	7	4	9	5	8	1	3	2
3	2	1	7	4	6	5	8	9
8	9	5	2	1	3	4	6	7
1	3	9	6	2	4	7	5	8
5	8	7	3	9	1	2	4	6
4	6	2	8	7	5	9	1	3
2	4	3	5	6	7	8	9	1
7	5	6	1	8	9	3	2	4
9	1	8	4	3	2	6	7	5

	5			8		3	9	
					4			
2		1	3					5
				6			5	
			2					
5				3		4	7	6
3		7		2			1	9
	9							
6	2		8					

493

	4	8				6	7	
6	2	7				1		3
1								
							6	
		1	5		3	2		
						4		8
				3	8	5		
	6		9				3	
			6	2		7		

494

Aanswer

493

4	5	6	1	8	2	3	9	7
9	7	3	6	5	4	1	2	8
2	8	1	3	7	9	6	4	5
8	3	9	4	6	7	2	5	1
7	6	4	2	1	5	9	8	3
5	1	2	9	3	8	4	7	6
3	4	7	5	2	6	8	1	9
1	9	8	7	4	3	5	6	2
6	2	5	8	9	1	7	3	4

494

9	4	8	3	5	1	6	7	2
6	2	7	4	8	9	1	5	3
1	3	5	2	7	6	9	8	4
2	7	9	8	1	4	3	6	5
4	8	1	5	6	3	2	9	7
3	5	6	7	9	2	4	1	8
7	9	4	1	3	8	5	2	6
5	6	2	9	4	7	8	3	1
8	1	3	6	2	5	7	4	9

		4					2	
		7	8			6		
6		1		7	2		9	
2								8
			3		1			6
		8					4	
4						7	6	
7		3	4					9
	8							2

495

	1							
	8	7		9				5
		4			7		1	9
		8		6				4
6			2					7
						1	5	
1					2	9	6	8
	7							1
			4		5		7	

496

Aanswer

495

8	9	4	6	1	3	5	2	7
5	2	7	8	4	9	6	3	1
6	3	1	5	7	2	8	9	4
2	7	6	9	5	4	3	1	8
9	4	5	3	8	1	2	7	6
3	1	8	2	6	7	9	4	5
4	5	2	1	9	8	7	6	3
7	6	3	4	2	5	1	8	9
1	8	9	7	3	6	4	5	2

496

9	1	6	3	5	4	7	8	2
2	8	7	1	9	6	4	3	5
5	3	4	8	2	7	6	1	9
7	9	8	5	6	1	3	2	4
6	5	1	2	4	3	8	9	7
4	2	3	9	7	8	1	5	6
1	4	5	7	3	2	9	6	8
3	7	2	6	8	9	5	4	1
8	6	9	4	1	5	2	7	3

Level
4

8						7		
				2	5		1	9
	1					5		
	9	4	5		2			
5	3			8				
			7		4			
		3						4
4			2			8	5	
				6		3	7	

497

7								9
	3		9				8	4
2					8	6		
		6				5	4	7
					1		9	
3		2						
	6							
		3				4	6	
9	7	5		4				3

498

Aanswer

497

8	2	5	9	1	6	7	4	3
3	4	7	8	2	5	6	1	9
9	1	6	3	4	7	5	2	8
7	9	4	5	3	2	1	8	6
5	3	2	6	8	1	4	9	7
6	8	1	7	9	4	2	3	5
2	7	3	1	5	8	9	6	4
4	6	9	2	7	3	8	5	1
1	5	8	4	6	9	3	7	2

498

7	8	4	1	6	3	2	5	9
6	3	1	9	2	5	7	8	4
2	5	9	4	7	8	6	3	1
8	1	6	2	3	9	5	4	7
5	4	7	6	8	1	3	9	2
3	9	2	7	5	4	8	1	6
4	6	8	3	1	2	9	7	5
1	2	3	5	9	7	4	6	8
9	7	5	8	4	6	1	2	3

		5		4			2	9
								3
	3					1	5	
		9			1	2		
6						5	9	
2	4	3						
			4	9			7	5
9	2	4			5			
				3				

499

9		5		1				
	3			5				
6	8		7		3			
			3			2		
	1	9				3		
		7		9				4
1	6							
4		8	5	3	9			
		3			6			7

500

Aanswer

499

1	8	5	6	4	3	7	2	9
7	9	2	5	1	8	4	6	3
4	3	6	2	7	9	1	5	8
5	7	9	8	6	1	2	3	4
6	1	8	3	2	4	5	9	7
2	4	3	9	5	7	6	8	1
3	6	1	4	9	2	8	7	5
9	2	4	7	8	5	3	1	6
8	5	7	1	3	6	9	4	2

500

9	2	5	6	1	8	7	4	3
7	3	4	9	5	2	6	1	8
6	8	1	7	4	3	9	5	2
8	4	6	3	7	5	2	9	1
2	1	9	8	6	4	3	7	5
3	5	7	2	9	1	8	6	4
1	6	2	4	8	7	5	3	9
4	7	8	5	3	9	1	2	6
5	9	3	1	2	6	4	8	7

		2	5				6	
1		5		6			3	
					8			
6	5				3			
		7						6
			1				4	
5	8			1				2
		6	3		2	9		
			9	8	5			

501

							3	
1	7	6				4		
				2		6		
		3	9					
2				6	7			
		9	1	4	2			6
				3			5	
	9	2						
6	3	8	2	9				

502

Aanswer

501

8	3	2	5	9	1	4	6	7
1	9	5	4	6	7	2	3	8
7	6	4	2	3	8	5	9	1
6	5	1	7	4	3	8	2	9
3	4	7	8	2	9	1	5	6
9	2	8	1	5	6	7	4	3
5	8	9	6	1	4	3	7	2
4	1	6	3	7	2	9	8	5
2	7	3	9	8	5	6	1	4

502

9	2	4	6	7	1	5	3	8
1	7	6	5	8	3	4	9	2
3	8	5	4	2	9	6	1	7
7	6	3	9	5	8	1	2	4
2	4	1	3	6	7	9	8	5
8	5	9	1	4	2	3	7	6
4	1	7	8	3	6	2	5	9
5	9	2	7	1	4	8	6	3
6	3	8	2	9	5	7	4	1

						2		7
2		1	8			5		
	9		1		7			3
9	8	6				3		
3							5	4
								8
		3		4				
	5					4	9	
	6			1	5			

503

	8		4					
7			8		6	3		
	4	3			7	5		
			2			4		7
	2	8			1	9		
1					5			
					8			
		6	1	2			9	
				7				3

504

Aanswer

503

6	3	8	4	5	9	2	1	7
2	7	1	8	6	3	5	4	9
5	9	4	1	2	7	6	8	3
9	8	6	5	7	4	3	2	1
3	1	2	6	9	8	7	5	4
7	4	5	2	3	1	9	6	8
8	2	3	9	4	6	1	7	5
1	5	7	3	8	2	4	9	6
4	6	9	7	1	5	8	3	2

504

6	8	5	4	3	2	1	7	9
7	9	1	8	5	6	3	2	4
2	4	3	9	1	7	5	6	8
5	6	9	2	8	3	4	1	7
3	2	8	7	4	1	9	5	6
1	7	4	6	9	5	8	3	2
9	5	7	3	6	8	2	4	1
8	3	6	1	2	4	7	9	5
4	1	2	5	7	9	6	8	3

	2			7	3			
5		6					8	
8								2
3					6			4
				9				6
1		8			4		3	7
				1				
4					9		6	8
				3	8	1	4	

505

								7
		8		4	1	2		
3						4	1	
8				7		5		
1			6			3	2	
6		4						
	6				3	1	7	
4								9
					7	6		2

506

Aanswer

505

9	2	4	8	7	3	6	5	1
5	1	6	9	4	2	7	8	3
8	3	7	5	6	1	4	9	2
3	7	9	1	8	6	5	2	4
2	4	5	3	9	7	8	1	6
1	6	8	2	5	4	9	3	7
6	8	3	4	1	5	2	7	9
4	5	1	7	2	9	3	6	8
7	9	2	6	3	8	1	4	5

506

5	4	1	3	2	6	9	8	7
7	9	8	5	4	1	2	6	3
3	2	6	7	9	8	4	1	5
8	3	2	1	7	9	5	4	6
1	7	9	6	5	4	3	2	8
6	5	4	8	3	2	7	9	1
2	6	5	9	8	3	1	7	4
4	1	7	2	6	5	8	3	9
9	8	3	4	1	7	6	5	2

6	4				9			8
		9	7		2			
			4					3
2		1		5	7			
	6		3					
	3			2	1			
			9				2	
4		6				8		7
1						6	9	

507

							5	
2		5	8	1			4	
			2	3		1		
5	2					6	1	4
	6	1			7			
								5
		6						
			7	5			2	
3				4	8	5		7

508

Aanswer

507

6	4	5	1	3	9	2	7	8
3	1	9	7	8	2	5	4	6
8	7	2	4	6	5	9	1	3
2	8	1	6	5	7	4	3	9
5	6	7	3	9	4	1	8	2
9	3	4	8	2	1	7	6	5
7	5	8	9	4	6	3	2	1
4	9	6	2	1	3	8	5	7
1	2	3	5	7	8	6	9	4

508

8	1	9	6	7	4	3	5	2
2	3	5	8	1	9	7	4	6
6	7	4	2	3	5	1	9	8
5	2	7	9	8	3	6	1	4
4	6	1	5	2	7	8	3	9
9	8	3	4	6	1	2	7	5
7	5	6	3	9	2	4	8	1
1	4	8	7	5	6	9	2	3
3	9	2	1	4	8	5	6	7

			7			1	8	
	2	8						
7							3	5
6			2					
		4					1	9
2	9			4				3
			3			9		
	7	2		5				4
	4		9	2		8		

509

		5				8		
2		4		7				
		9	1	3	5			
1						4	8	2
8			9					
	5	3			2			7
						7		1
				5		3		
	7				6		9	

510

Aanswer

509

4	5	3	7	9	6	1	8	2
1	2	8	4	3	5	7	9	6
7	6	9	1	8	2	4	3	5
6	3	7	2	1	9	5	4	8
5	8	4	6	7	3	2	1	9
2	9	1	5	4	8	6	7	3
8	1	5	3	6	4	9	2	7
9	7	2	8	5	1	3	6	4
3	4	6	9	2	7	8	5	1

510

3	1	5	6	2	4	8	7	9
2	6	4	8	7	9	1	3	5
7	8	9	1	3	5	6	2	4
1	9	7	5	6	3	4	8	2
8	4	2	9	1	7	5	6	3
6	5	3	4	8	2	9	1	7
4	3	6	2	9	8	7	5	1
9	2	8	7	5	1	3	4	6
5	7	1	3	4	6	2	9	8

		9	8		1	4		
				5				
				3		8	1	6
8							6	
	2							8
7	9				5	2		
					7			
2	3	7		9				1
			5		4			2

511

				4	3			
4						2		
9	5	1						
					9	1	8	2
	1	8		7				
				2		6		
			9	1				6
			4				2	
1	9	2			7		5	

512

Aanswer

511

3	7	9	8	6	1	4	2	5
6	8	1	4	5	2	7	9	3
5	4	2	7	3	9	8	1	6
8	1	5	2	4	3	9	6	7
4	2	3	9	7	6	1	5	8
7	9	6	1	8	5	2	3	4
1	5	4	3	2	7	6	8	9
2	3	7	6	9	8	5	4	1
9	6	8	5	1	4	3	7	2

512

8	2	6	7	4	3	5	1	9
4	7	3	5	9	1	2	6	8
9	5	1	2	8	6	7	3	4
7	6	4	3	5	9	1	8	2
2	1	8	6	7	4	3	9	5
5	3	9	1	2	8	6	4	7
3	4	5	9	1	2	8	7	6
6	8	7	4	3	5	9	2	1
1	9	2	8	6	7	4	5	3

					3			1
	6	3						4
	8		4		7	6		
	3	1		9			2	
6						9		
					2			8
				2			5	
	1		7				8	
		8	9	1				7

513

				8				
	7		2			4	1	
						8	7	9
1				9	3			
		2		6				7
						6	8	
4	6		8	1		7	2	
	9		3	7				
	2							

514

Aanswer

513

4	5	7	2	6	3	8	9	1
2	6	3	1	8	9	5	7	4
1	8	9	4	5	7	6	3	2
8	3	1	5	9	4	7	2	6
6	7	2	8	3	1	9	4	5
5	9	4	6	7	2	3	1	8
7	4	6	3	2	8	1	5	9
9	1	5	7	4	6	2	8	3
3	2	8	9	1	5	4	6	7

514

6	1	4	9	8	7	3	5	2
9	7	8	2	3	5	4	1	6
2	5	3	6	4	1	8	7	9
1	8	6	7	9	3	2	4	5
5	4	2	1	6	8	9	3	7
7	3	9	5	2	4	6	8	1
4	6	5	8	1	9	7	2	3
8	9	1	3	7	2	5	6	4
3	2	7	4	5	6	1	9	8

7		6	3					
				1				
	1		7	9				4
			2				3	
		8	4				7	
	7	9				4		1
	2	7				8		5
		3	8					
	4		1				6	

515

				1		8	7	
		6						
	2	7		5	4	9		
				4			5	
				9	3	6		
		5	1		6			4
		4		6				
5				7		2		
	7	8				5	9	

516

Aanswer

515

7	9	6	3	8	4	5	1	2
3	8	4	5	1	2	7	9	6
5	1	2	7	9	6	3	8	4
4	5	1	2	7	9	6	3	8
6	3	8	4	5	1	2	7	9
2	7	9	6	3	8	4	5	1
1	2	7	9	6	3	8	4	5
9	6	3	8	4	5	1	2	7
8	4	5	1	2	7	9	6	3

516

4	5	3	6	1	9	8	7	2
9	1	6	7	2	8	4	3	5
8	2	7	3	5	4	9	6	1
6	8	1	2	4	7	3	5	9
7	4	2	5	9	3	6	1	8
3	9	5	1	8	6	7	2	4
2	3	4	9	6	5	1	8	7
5	6	9	8	7	1	2	4	3
1	7	8	4	3	2	5	9	6

	3				1		4	5
5		8		2		1		
	7							2
1	6	3			7			
		4						
8			2					1
		5					8	7
7	8							3
					6		9	

517

		1	8	3		5	4	2
	3					9		
					1			
			2	4				1
		8					9	4
			6			3	5	
7			4				3	
	9			8				
1			7		2	4		9

518

Aanswer

517

2	3	9	7	6	1	8	4	5
5	4	8	3	2	9	1	7	6
6	7	1	4	5	8	9	3	2
1	6	3	5	8	7	4	2	9
9	2	4	6	1	3	7	5	8
8	5	7	2	9	4	3	6	1
4	9	5	1	3	2	6	8	7
7	8	6	9	4	5	2	1	3
3	1	2	8	7	6	5	9	4

518

9	6	1	8	3	7	5	4	2
8	3	7	5	2	4	9	1	6
5	2	4	9	6	1	8	7	3
3	7	5	2	4	9	6	8	1
6	1	8	3	7	5	2	9	4
2	4	9	6	1	8	3	5	7
7	5	2	4	9	6	1	3	8
4	9	6	1	8	3	7	2	5
1	8	3	7	5	2	4	6	9

		2			5		6	
				8	4	5	7	1
		8			9	2		6
4	2				1	9		
							5	8
			3			8		
				9	7		2	
		3	4				9	

519

5				9				3
		3				1	9	
			8					2
	9		4			5		
7		1	5					6
3							7	1
	3			8				
		9			4			
8		5	7				1	

520

Aanswer

519

8	4	2	1	7	5	3	6	9
6	3	9	2	8	4	5	7	1
7	5	1	9	6	3	4	8	2
5	1	8	7	3	9	2	4	6
4	2	6	8	5	1	9	3	7
3	9	7	6	4	2	1	5	8
9	7	5	3	2	6	8	1	4
1	8	4	5	9	7	6	2	3
2	6	3	4	1	8	7	9	5

520

5	6	2	1	9	7	8	4	3
4	8	3	6	5	2	1	9	7
9	1	7	8	4	3	6	5	2
2	9	6	4	7	1	5	3	8
7	4	1	5	3	8	9	2	6
3	5	8	9	2	6	4	7	1
1	3	4	2	8	5	7	6	9
6	7	9	3	1	4	2	8	5
8	2	5	7	6	9	3	1	4

		2		1			6	
	6		8			5		1
5				7		3		
	2			3		6	7	
4			7					9
	5		9					
						2		6
		6	3		1	7		4

521

6	5		7	2				8
	8	9		4		2	7	
						7		
3	2	6			9		5	
8	9							
			2	5			9	
	7						2	6
						8		1

522

Aanswer

521

3	8	2	4	1	5	9	6	7
9	6	7	8	2	3	5	4	1
5	4	1	6	7	9	3	8	2
8	2	9	1	3	4	6	7	5
6	7	5	2	9	8	4	1	3
4	1	3	7	5	6	8	2	9
7	5	4	9	6	2	1	3	8
1	3	8	5	4	7	2	9	6
2	9	6	3	8	1	7	5	4

522

7	3	2	1	9	8	4	6	5
6	5	4	7	2	3	9	1	8
1	8	9	6	4	5	2	7	3
5	4	1	3	6	2	7	8	9
3	2	6	8	7	9	1	5	4
8	9	7	5	1	4	6	3	2
4	1	8	2	5	6	3	9	7
9	7	3	4	8	1	5	2	6
2	6	5	9	3	7	8	4	1

				4			8	
				9	7	4		5
2								7
	2	1	7					
	3	4	6	2			7	
	8							1
9						5	1	
		3	1		2			
				6	8			

523

					6		9	
	5				4	8	3	2
4		1						
3			6		5			
		4	8	7	3			
	1							
	4	5				7	6	
							8	9
					7	1	4	

524

Aanswer

523

3	9	7	2	4	5	1	8	6
8	1	6	3	9	7	4	2	5
2	4	5	8	1	6	9	3	7
6	2	1	7	8	9	3	5	4
5	3	4	6	2	1	8	7	9
7	8	9	5	3	4	2	6	1
9	6	8	4	7	3	5	1	2
4	7	3	1	5	2	6	9	8
1	5	2	9	6	8	7	4	3

524

8	3	2	7	5	6	4	9	1
6	5	7	1	9	4	8	3	2
4	9	1	2	3	8	6	5	7
3	7	8	6	1	5	9	2	4
9	2	4	8	7	3	5	1	6
5	1	6	4	2	9	3	7	8
1	4	5	9	8	2	7	6	3
7	6	3	5	4	1	2	8	9
2	8	9	3	6	7	1	4	5

					9		4	
	4	3	1					
9	2		3		8			
	3						5	9
4	5					2		
		7			4			
	7				3		8	6
	8	6						
3						5		2

525

				2				
	6	9	3		7			
	4		6		9	1		
	2						1	
				8	3	9	2	4
				9	4			
	7				1	6	9	
				6		3		5
6	9							

526

Aanswer

525

7	6	1	5	2	9	8	4	3
8	4	3	1	6	7	9	2	5
9	2	5	3	4	8	7	6	1
6	3	8	7	1	2	4	5	9
4	5	9	8	3	6	2	1	7
2	1	7	9	5	4	6	3	8
5	7	2	4	9	3	1	8	6
1	8	6	2	7	5	3	9	4
3	9	4	6	8	1	5	7	2

526

1	3	7	4	2	8	5	6	9
5	6	9	3	1	7	2	4	8
2	4	8	6	5	9	1	3	7
9	2	4	5	7	6	8	1	3
7	5	6	1	8	3	9	2	4
8	1	3	2	9	4	7	5	6
3	7	5	8	4	1	6	9	2
4	8	1	9	6	2	3	7	5
6	9	2	7	3	5	4	8	1

5			9					
	4	3		5		2		9
				1			8	
4			8	7				6
							1	8
				9	5		2	
6		7						
	1							2
	2	9		8	4	6		

527

2	9	7					8	
4								
	8		7	2		1		
5	4	6	8			9	2	
		9						
7							4	5
				6	1			
		2					7	
8	5		3		7			

528

Aanswer

527

5	7	8	9	2	6	1	3	4
1	4	3	7	5	8	2	6	9
2	9	6	4	1	3	5	8	7
4	3	2	8	7	1	9	5	6
9	6	5	3	4	2	7	1	8
7	8	1	6	9	5	4	2	3
6	5	7	2	3	9	8	4	1
8	1	4	5	6	7	3	9	2
3	2	9	1	8	4	6	7	5

528

2	9	7	1	4	6	5	8	3
4	6	1	5	3	8	7	9	2
3	8	5	7	2	9	1	6	4
5	4	6	8	7	3	9	2	1
1	2	9	6	5	4	8	3	7
7	3	8	9	1	2	6	4	5
9	7	3	2	6	1	4	5	8
6	1	2	4	8	5	3	7	9
8	5	4	3	9	7	2	1	6

9	3				4	1	5	
	2	1				7		8
4	8							
				2			7	4
				3	7	8	1	
			5					
			7			4		1
	7				8			
	1		6	5			3	

529

				7			9	
				2		7	4	8
	4				3		1	
		6						
			2		4		7	
9				3	1	6	2	
						1		
2							8	5
5		9	3					7

530

Aanswer

529

9	3	6	8	7	4	1	5	2
5	2	1	3	6	9	7	4	8
4	8	7	2	1	5	6	9	3
1	5	8	9	2	6	3	7	4
6	9	2	4	3	7	8	1	5
7	4	3	5	8	1	2	6	9
2	6	5	7	9	3	4	8	1
3	7	9	1	4	8	5	2	6
8	1	4	6	5	2	9	3	7

530

6	1	2	4	7	8	5	9	3
3	9	5	1	2	6	7	4	8
8	4	7	9	5	3	2	1	6
4	2	6	7	8	9	3	5	1
1	5	3	2	6	4	8	7	9
9	7	8	5	3	1	6	2	4
7	6	4	8	9	5	1	3	2
2	3	1	6	4	7	9	8	5
5	8	9	3	1	2	4	6	7

	1					4		6
		9	8					
4						3		9
9				6			2	5
				9			4	
		1	2	7				
		3	9				6	2
				5				
8	9	4			2			

531

6				7	8			
			4	6		2		
						4		9
		7	5			9		6
2			8					3
4							1	
		4	6			7	5	
	7		3		4			2
8								

532

Aanswer

531

2	1	7	5	3	9	4	8	6
3	5	9	8	4	6	2	1	7
4	8	6	1	2	7	3	5	9
9	3	8	4	6	1	7	2	5
7	2	5	3	9	8	6	4	1
6	4	1	2	7	5	9	3	8
5	7	3	9	8	4	1	6	2
1	6	2	7	5	3	8	9	4
8	9	4	6	1	2	5	7	3

532

6	4	9	2	7	8	1	3	5
3	1	5	4	6	9	2	7	8
7	2	8	1	3	5	4	6	9
1	8	7	5	4	3	9	2	6
2	9	6	8	1	7	5	4	3
4	5	3	9	2	6	8	1	7
9	3	4	6	8	2	7	5	1
5	7	1	3	9	4	6	8	2
8	6	2	7	5	1	3	9	4

						5		8
							9	
		4	5	8	3		6	1
	1	6			7			
2								
4	8		6			9		2
			7				4	9
6					4			
			1		5	7		

533

					4	1		
	2		5	7				
	4	6				5		
		1					6	9
4	7	5				8		
2								
			7	8			5	
		8	6	4		3		2
					9		1	

534

Aanswer

533

1	6	2	4	7	9	5	3	8
8	3	5	2	1	6	4	9	7
7	9	4	5	8	3	2	6	1
5	1	6	9	2	7	3	8	4
2	7	9	3	4	8	6	1	5
4	8	3	6	5	1	9	7	2
3	5	1	7	6	2	8	4	9
6	2	7	8	9	4	1	5	3
9	4	8	1	3	5	7	2	6

534

5	8	7	9	6	4	1	2	3
1	2	3	5	7	8	9	4	6
9	4	6	1	3	2	5	8	7
8	3	1	4	5	7	2	6	9
4	7	5	2	9	6	8	3	1
2	6	9	8	1	3	4	7	5
3	9	2	7	8	1	6	5	4
7	1	8	6	4	5	3	9	2
6	5	4	3	2	9	7	1	8

			1	5	7	3		
		7				6		
	8				4			
		6		8				
	7	5		2			6	4
			4	1		8		
		1		9				3
	3	2	6				8	
						7		

535

4	3		2			1	6	
	9		1				4	3
			9		4			
1			3					
		9		1			7	6
			6					7
9			8		2		3	
					7	8	5	2

536

Aanswer

535

6	2	4	1	5	7	3	9	8
5	1	7	8	3	9	6	4	2
3	8	9	2	6	4	5	7	1
1	4	6	7	8	5	2	3	9
8	7	5	9	2	3	1	6	4
2	9	3	4	1	6	8	5	7
7	6	1	5	9	8	4	2	3
4	3	2	6	7	1	9	8	5
9	5	8	3	4	2	7	1	6

536

6	5	1	7	4	3	2	8	9
4	3	7	2	8	9	1	6	5
8	9	2	1	6	5	7	4	3
7	6	3	9	2	4	5	1	8
1	8	5	3	7	6	9	2	4
2	4	9	5	1	8	3	7	6
5	2	8	6	3	1	4	9	7
9	7	4	8	5	2	6	3	1
3	1	6	4	9	7	8	5	2

6			7					
3					9			4
8		2		6				1
9			8		5		6	
	7					4		
	5						3	
					3		9	
5	8	9					1	3
				5		7		

537

	4			8	6		2	
8	1			9		4	5	
					3	8		
6		4			1			
5		3	8	6		9		
					9	6		4
3	5						8	1

538

Aanswer

6	4	5	7	3	1	8	2	9
3	1	7	2	8	9	6	5	4
8	9	2	5	6	4	3	7	1
9	2	3	8	4	5	1	6	7
1	7	6	3	9	2	4	8	5
4	5	8	6	1	7	9	3	2
7	6	4	1	2	3	5	9	8
5	8	9	4	7	6	2	1	3
2	3	1	9	5	8	7	4	6

537

7	4	5	1	8	6	3	2	9
8	1	6	3	9	2	4	5	7
9	3	2	4	7	5	1	6	8
2	9	1	7	5	3	8	4	6
6	8	4	9	2	1	7	3	5
5	7	3	8	6	4	9	1	2
4	6	7	2	1	8	5	9	3
1	2	8	5	3	9	6	7	4
3	5	9	6	4	7	2	8	1

538

	2			4				
9		1	6	8			3	
			1					
	4							3
					8	1		
			7	1	4	6		
	5		9					8
	6	8		7				9
2					6			4

539

				1			5	
6					4	2		3
			9	3	2			
		9						4
				4			7	
1		5			9			8
4			2			1	8	
	6	3		5				
			4					6

540

Aanswer

539

8	2	6	5	4	3	9	7	1
9	7	1	6	8	2	4	3	5
4	3	5	1	9	7	8	2	6
1	4	7	2	6	9	5	8	3
6	9	2	3	5	8	1	4	7
5	8	3	7	1	4	6	9	2
7	5	4	9	2	1	3	6	8
3	6	8	4	7	5	2	1	9
2	1	9	8	3	6	7	5	4

540

9	3	2	6	1	8	4	5	7
6	1	8	5	7	4	2	9	3
5	7	4	9	3	2	8	6	1
7	2	9	3	8	6	5	1	4
3	8	6	1	4	5	9	7	2
1	4	5	7	2	9	6	3	8
4	9	7	2	6	3	1	8	5
2	6	3	8	5	1	7	4	9
8	5	1	4	9	7	3	2	6

5	8		3	7				
9		6	8					
		7			9			
4				5				2
							7	
	7	5			3		1	
			9				5	4
					7			3
6			5	4	1			

541

		3	5		9			1
	5		1	2			4	
				4	3			5
	4				6			2
		6				1	3	
	2			3			9	
				6		7		
5					2	4		9
			8			2		

542

Aanswer

541

5	8	1	3	7	2	9	4	6
9	4	6	8	1	5	2	3	7
2	3	7	4	6	9	5	8	1
4	1	9	7	5	8	3	6	2
3	6	2	1	9	4	8	7	5
8	7	5	6	2	3	4	1	9
7	2	8	9	3	6	1	5	4
1	5	4	2	8	7	6	9	3
6	9	3	5	4	1	7	2	8

542

4	6	3	5	7	9	8	2	1
7	5	9	1	2	8	3	4	6
2	1	8	6	4	3	9	7	5
3	4	1	7	9	6	5	8	2
9	7	6	2	8	5	1	3	4
8	2	5	4	3	1	6	9	7
1	3	2	9	6	4	7	5	8
5	8	7	3	1	2	4	6	9
6	9	4	8	5	7	2	1	3

4				8	3			
	3						6	1
						2		
3	7				6			
		2	3	5				
9	6			2	8			
				9		6	1	
	2		8		5	7		
				1	2			

543

		1	7					
6		5						
9	2		4		1	6		
				1	7		9	
	6			5		8		
					4		6	7
	5	9	8					
				7				
			1	4	6	7		

544

Aanswer

543

4	1	6	2	8	3	5	7	9
2	3	8	5	7	9	4	6	1
5	9	7	4	6	1	2	8	3
3	7	5	9	4	6	1	2	8
1	8	2	3	5	7	9	4	6
9	6	4	1	2	8	3	5	7
8	5	3	7	9	4	6	1	2
6	2	1	8	3	5	7	9	4
7	4	9	6	1	2	8	3	5

544

3	4	1	7	6	5	9	2	8
6	7	5	2	9	8	3	4	1
9	2	8	4	3	1	6	7	5
8	3	4	6	1	7	5	9	2
1	6	7	9	5	2	8	3	4
5	9	2	3	8	4	1	6	7
7	5	9	8	2	3	4	1	6
4	1	6	5	7	9	2	8	3
2	8	3	1	4	6	7	5	9

8		9			2			
						5	4	
4	5				6	3		
						4		
6		5	1	9				
		3			5	1	9	
	6		9				5	8
3	9	1		5				

545

2				1	4	3		5
			5	3			6	7
7			9					
5	2							
	3	9	6	5	2			
	5					4		
4	8		2			6		
		1	3				5	

546

Aanswer

545

8	3	9	5	4	2	7	1	6
1	7	6	3	8	9	5	4	2
4	5	2	7	1	6	3	8	9
9	1	7	8	2	3	4	6	5
6	4	5	1	9	7	8	2	3
2	8	3	4	6	5	1	9	7
5	2	8	6	7	4	9	3	1
7	6	4	9	3	1	2	5	8
3	9	1	2	5	8	6	7	4

546

3	9	5	7	2	6	1	4	8
2	6	7	8	1	4	3	9	5
1	4	8	5	3	9	2	6	7
7	1	4	9	8	3	5	2	6
5	2	6	4	7	1	8	3	9
8	3	9	6	5	2	7	1	4
9	5	2	1	6	7	4	8	3
4	8	3	2	9	5	6	7	1
6	7	1	3	4	8	9	5	2

	4	7				5		
	9		8		1	7		
			6					2
		4			8			
			5					
		1		4	2		8	3
				6		2	3	4
				2				
4	3				5			1

547

				2				
	1				3			7
			9		4		8	
	2				9	7		
3	5						6	8
					6			3
9				1		8		6
	8	5	3					1
		2			5			

548

Aanswer

547

6	4	7	2	3	9	5	1	8
2	9	3	8	5	1	7	4	6
8	1	5	6	7	4	3	9	2
7	2	4	3	9	8	1	6	5
3	8	9	5	1	6	4	2	7
5	6	1	7	4	2	9	8	3
9	5	8	1	6	7	2	3	4
1	7	6	4	2	3	8	5	9
4	3	2	9	8	5	6	7	1

548

7	9	4	1	2	8	6	3	5
2	1	8	6	5	3	9	4	7
5	6	3	9	7	4	1	8	2
8	2	6	5	3	9	7	1	4
3	5	9	7	4	1	2	6	8
4	7	1	2	8	6	5	9	3
9	3	7	4	1	2	8	5	6
6	8	5	3	9	7	4	2	1
1	4	2	8	6	5	3	7	9

		6					2	
	7	8			2			6
	1		6		5	7		
	5		4	9			3	
		7				9		
8								
		9	2					
1			5	8				
	8		9		7	6		

549

		8					1	
			4	7	1			
	4		9	8			2	
8						6		4
			2					3
				4	7	2		
	5			1				
3		1					9	
		6	5		9	7		

550

Aanswer

5	4	6	8	7	9	1	2	3
9	7	8	3	1	2	4	5	6
2	1	3	6	4	5	7	9	8
6	5	1	4	9	8	2	3	7
3	2	7	1	5	6	9	8	4
8	9	4	7	2	3	5	6	1
7	3	9	2	6	1	8	4	5
1	6	2	5	8	4	3	7	9
4	8	5	9	3	7	6	1	2

549

6	9	8	3	5	2	4	1	7
2	3	5	4	7	1	9	6	8
1	4	7	9	8	6	3	2	5
8	2	9	1	3	5	6	7	4
7	6	4	2	9	8	1	5	3
5	1	3	6	4	7	2	8	9
9	5	2	7	1	3	8	4	6
3	7	1	8	6	4	5	9	2
4	8	6	5	2	9	7	3	1

550

								1
2		1	3			5	6	8
						7	3	
3	1		9					
	9		8			3		7
4		2						
				6				
						9	7	
		6	5	4	8	1		

551

		3			2			8
	4	1						7
7	2						3	
		5						4
2	1		8		3			6
	3			6				
		6			8		4	
	5				7			1
1							6	9

552

Aanswer

551

7	3	9	6	8	5	2	4	1
2	4	1	3	9	7	5	6	8
5	6	8	4	1	2	7	3	9
3	1	7	9	5	6	4	8	2
6	9	5	8	2	4	3	1	7
4	8	2	1	7	3	6	9	5
1	2	3	7	6	9	8	5	4
8	5	4	2	3	1	9	7	6
9	7	6	5	4	8	1	2	3

552

5	6	3	9	7	2	4	1	8
8	4	1	3	5	6	2	9	7
7	2	9	1	8	4	6	3	5
6	9	5	7	2	1	3	8	4
2	1	7	8	4	3	9	5	6
4	3	8	5	6	9	1	7	2
9	7	6	2	1	8	5	4	3
3	5	4	6	9	7	8	2	1
1	8	2	4	3	5	7	6	9

Level 4

	6	8		9	4			
	5		8					
		3		2		7		
		6			7		5	
				8	2			7
				1		8	6	
			7	4			9	3
4			9			6		1
	3							

553

	1			6	7			2
	8							
9		2	1		5	6		
8	5				9			
						8		6
			5			3	7	
				5				
	4		6		3	2		1
			9		1			

554

Aanswer

553

7	6	8	3	9	4	2	1	5
2	5	1	8	7	6	9	3	4
9	4	3	1	2	5	7	8	6
8	2	6	4	3	7	1	5	9
1	9	5	6	8	2	3	4	7
3	7	4	5	1	9	8	6	2
6	1	2	7	4	8	5	9	3
4	8	7	9	5	3	6	2	1
5	3	9	2	6	1	4	7	8

554

4	1	5	8	6	7	9	3	2
6	8	7	3	9	2	4	1	5
9	3	2	1	4	5	6	8	7
8	5	6	7	3	9	1	2	4
3	7	9	2	1	4	8	5	6
1	2	4	5	8	6	3	7	9
2	9	1	4	5	8	7	6	3
5	4	8	6	7	3	2	9	1
7	6	3	9	2	1	5	4	8

	1						6	
	8	7		3		5		
		6			5	9		
		8		9		4		2
	2				7			
		3	1					
	7						5	
8		5	9				2	6
					8	3		

555

4			6	3				
		3		2				
1	8				4			
					8			7
	9		3			8		
		4	9		5	6		
		6	1					
				6		3		8
3	1		4			9		

556

Aanswer

555

5	1	4	7	8	9	2	6	3
9	8	7	6	3	2	5	4	1
2	3	6	4	1	5	9	7	8
7	5	8	3	9	6	4	1	2
4	2	1	8	5	7	6	3	9
6	9	3	1	2	4	7	8	5
3	7	9	2	6	1	8	5	4
8	4	5	9	7	3	1	2	6
1	6	2	5	4	8	3	9	7

556

4	5	9	6	3	7	1	8	2
7	6	3	8	2	1	4	5	9
1	8	2	5	9	4	7	6	3
6	3	1	2	4	8	5	9	7
5	9	7	3	1	6	8	2	4
8	2	4	9	7	5	6	3	1
9	7	6	1	8	3	2	4	5
2	4	5	7	6	9	3	1	8
3	1	8	4	5	2	9	7	6

6		5	7					
	2		6					3
						9		
	3						9	
2		7			1			6
	5					8		7
	6				4	1		
8			5			6	3	9
			3		9			

557

		6	5			4		
			6		7		1	
				8	4		3	
					6			
		3		9				8
				7	5	2	9	1
5							6	
	8	9						7
6			7		1			

558

Aanswer

557

6	9	5	7	4	3	2	1	8
1	2	8	6	9	5	4	7	3
7	4	3	1	2	8	9	6	5
4	3	6	2	8	7	5	9	1
2	8	7	9	5	1	3	4	6
9	5	1	4	3	6	8	2	7
3	6	9	8	7	4	1	5	2
8	7	4	5	1	2	6	3	9
5	1	2	3	6	9	7	8	4

558

3	7	6	5	1	9	4	8	2
8	4	2	6	3	7	9	1	5
1	9	5	2	8	4	7	3	6
9	2	1	8	4	6	5	7	3
7	5	3	1	9	2	6	4	8
4	6	8	3	7	5	2	9	1
5	1	7	9	2	8	3	6	4
2	8	9	4	6	3	1	5	7
6	3	4	7	5	1	8	2	9

3			4				6	
					2			9
8				3	9		4	
	4		3			9		5
9		1		7				
								4
						5	7	
6	3		7					8
		7	2			6		3

559

	2							
9				1			6	
		8	4			9	7	
		9	3	8				6
1							5	
3				6			9	
	4		6	9	2			
		2	7		3			4
7		3						

560

Aanswer

559

3	9	5	4	1	7	8	6	2
1	7	4	6	8	2	3	5	9
8	2	6	5	3	9	1	4	7
7	4	8	3	2	6	9	1	5
9	5	1	8	7	4	2	3	6
2	6	3	1	9	5	7	8	4
4	8	2	9	6	3	5	7	1
6	3	9	7	5	1	4	2	8
5	1	7	2	4	8	6	9	3

560

4	2	6	9	3	7	5	8	1
9	3	7	5	1	8	4	6	2
5	1	8	4	2	6	9	7	3
2	7	9	3	8	5	1	4	6
1	6	4	2	7	9	3	5	8
3	8	5	1	6	4	2	9	7
8	4	1	6	9	2	7	3	5
6	9	2	7	5	3	8	1	4
7	5	3	8	4	1	6	2	9

	1			8			3	
			1		9	8		
	2			7		4		
	7	6		5			2	
	8		7				1	
					2	9		
		7		2	4			
			3			1		
	3		9				4	

561

3			2				1	
			9	4		7		8
				8			5	
	1		6	3			9	
	3			5				
	5		8		7	6		
6							8	9
			3					
	2	5		9			6	

562

Aanswer

561

4	1	9	2	8	5	7	3	6
7	6	3	1	4	9	8	5	2
8	2	5	6	7	3	4	9	1
9	7	6	4	5	1	3	2	8
3	8	2	7	9	6	5	1	4
5	4	1	8	3	2	9	6	7
1	9	7	5	2	4	6	8	3
2	5	4	3	6	8	1	7	9
6	3	8	9	1	7	2	4	5

562

3	8	7	2	6	5	9	1	4
5	6	2	9	4	1	7	3	8
1	4	9	7	8	3	2	5	6
7	1	8	6	3	2	4	9	5
2	3	6	4	5	9	8	7	1
9	5	4	8	1	7	6	2	3
6	7	3	5	2	4	1	8	9
8	9	1	3	7	6	5	4	2
4	2	5	1	9	8	3	6	7

		5		1		9		
							6	
					4	7		3
	8					3	9	
		2		4				1
		1		9	3	8		
5					1		8	
		4	7					
3	1		4		2			

563

			4			3	8	
				3			7	
8			5		7	9		4
		8	7	5	3	4		
		7						
1	4		8		9			
					6			
			1			8		
5	2							3

564

Aanswer

563

6	4	5	3	1	7	9	2	8
1	7	3	8	2	9	4	6	5
2	9	8	5	6	4	7	1	3
4	8	6	1	7	5	3	9	2
9	3	2	6	4	8	5	7	1
7	5	1	2	9	3	8	4	6
5	6	7	9	3	1	2	8	4
8	2	4	7	5	6	1	3	9
3	1	9	4	8	2	6	5	7

564

7	1	5	4	9	2	3	8	6
2	9	4	6	3	8	1	7	5
8	3	6	5	1	7	9	2	4
9	6	8	7	5	3	4	1	2
3	5	7	2	4	1	6	9	8
1	4	2	8	6	9	5	3	7
4	8	9	3	7	6	2	5	1
6	7	3	1	2	5	8	4	9
5	2	1	9	8	4	7	6	3

					5		4	
4				3			7	
		5		6		2		3
				9				7
					6		8	
	7		8			1	2	
			1			4		5
		4	3			7		
1	2							8

565

		5	2		1		6	
		4					2	
						8		5
	4						3	8
				1	6			
9					2	6	4	
	1			6	5	3	8	
		9						
		6				4	1	

566

Aanswer

565

9	3	2	7	1	5	8	4	6
4	6	8	9	3	2	5	7	1
7	1	5	4	6	8	2	9	3
8	4	3	2	9	1	6	5	7
2	9	1	5	7	6	3	8	4
5	7	6	8	4	3	1	2	9
3	8	9	1	2	7	4	6	5
6	5	4	3	8	9	7	1	2
1	2	7	6	5	4	9	3	8

566

8	9	5	2	3	1	7	6	4
7	6	4	9	5	8	1	2	3
1	2	3	6	4	7	8	9	5
6	4	1	5	7	9	2	3	8
2	3	8	4	1	6	9	5	7
9	5	7	3	8	2	6	4	1
4	1	2	7	6	5	3	8	9
3	8	9	1	2	4	5	7	6
5	7	6	8	9	3	4	1	2

		8			3			
		9					6	
	6					5	4	8
						6		1
							8	
		1	8		7		2	3
8			1		2	9		
		6				8	3	
		7	3	4				

567

7				6				4
	4	9					2	
6		2						3
	1	3		2		9		6
9	6		1					
					4			
								9
3		1		5				
	2					5	7	8

568

Aanswer

567

5	4	8	6	2	3	1	7	9
1	7	9	4	8	5	3	6	2
3	6	2	7	9	1	5	4	8
7	8	5	2	3	4	6	9	1
4	2	3	9	1	6	7	8	5
6	9	1	8	5	7	4	2	3
8	3	4	1	6	2	9	5	7
2	1	6	5	7	9	8	3	4
9	5	7	3	4	8	2	1	6

568

7	3	8	5	6	2	1	9	4
1	4	9	3	7	8	6	2	5
6	5	2	4	1	9	7	8	3
8	1	3	7	2	5	9	4	6
9	6	4	1	8	3	2	5	7
2	7	5	6	9	4	8	3	1
5	8	7	2	4	6	3	1	9
3	9	1	8	5	7	4	6	2
4	2	6	9	3	1	5	7	8

	5			1		4		
	8					5	3	6
2				6				
						7	9	4
1	3			4	7			5
9								
	1		5					3
	6				1			
5			8	3				7

569

				3	2		8	6
					8		4	
5	6		1					
		5	4		9			
	4		2	1		7	5	
	2			7				
	5					4		3
			3		1			
4		1				8	6	

570

Aanswer

569

3	5	6	7	1	8	4	2	9
7	8	1	2	9	4	5	3	6
2	4	9	3	6	5	8	7	1
6	2	5	1	8	3	7	9	4
1	3	8	9	4	7	2	6	5
9	7	4	6	5	2	3	1	8
4	1	7	5	2	9	6	8	3
8	6	3	4	7	1	9	5	2
5	9	2	8	3	6	1	4	7

570

9	1	4	7	3	2	5	8	6
3	7	2	6	5	8	9	4	1
5	6	8	1	9	4	3	2	7
7	8	5	4	6	9	1	3	2
6	4	9	2	1	3	7	5	8
1	2	3	8	7	5	6	9	4
2	5	7	9	8	6	4	1	3
8	9	6	3	4	1	2	7	5
4	3	1	5	2	7	8	6	9

Level
4

		1				2	5	
				9		4	6	7
					5			
	3	6	5					
				7	9			
		8	6				2	
7		9						
			2			6		
1	8				7	5		

571

					9	8	3	
5		4						2
						2		
	3			5	7			
1		8	2		3	9		
7		9		1	5			8
3		2				4		5

572

Aanswer

571

8	9	1	7	4	6	2	5	3
5	2	3	1	9	8	4	6	7
6	4	7	3	2	5	9	8	1
4	3	6	5	1	2	7	9	8
2	1	5	8	7	9	3	4	6
9	7	8	6	3	4	1	2	5
7	6	9	4	5	3	8	1	2
3	5	4	2	8	1	6	7	9
1	8	2	9	6	7	5	3	4

572

6	2	7	5	4	9	8	3	1
8	1	3	6	7	2	5	4	9
5	9	4	8	3	1	6	7	2
9	7	5	1	8	4	2	6	3
2	3	6	9	5	7	1	8	4
1	4	8	2	6	3	9	5	7
7	6	9	4	1	5	3	2	8
3	8	2	7	9	6	4	1	5
4	5	1	3	2	8	7	9	6

8	3			1			7	
			6					2
	7			2				
5		8				3		
	4					5		8
					1	7		9
		3				2		
					8			5
4	9				6			

573

				7				
		4	8			3		
	2				6	9		
5								
		8			5	7	6	
		1	9	8			3	
	7	6			1	8		
		9	5					
				6	2			

574

Aanswer

573

8	3	2	9	1	5	6	7	4
9	5	1	6	4	7	8	3	2
6	7	4	8	2	3	9	5	1
5	1	8	7	9	4	3	2	6
7	4	9	3	6	2	5	1	8
3	2	6	5	8	1	7	4	9
1	8	3	4	5	9	2	6	7
2	6	7	1	3	8	4	9	5
4	9	5	2	7	6	1	8	3

574

9	8	5	2	7	3	6	1	4
6	1	4	8	5	9	3	2	7
3	2	7	1	4	6	9	8	5
5	3	2	6	1	7	4	9	8
4	9	8	3	2	5	7	6	1
7	6	1	9	8	4	5	3	2
2	7	6	4	9	1	8	5	3
1	4	9	5	3	8	2	7	6
8	5	3	7	6	2	1	4	9

Level 4

			9			7		
				3				
6					2	4	1	
	4	5						3
							7	
1	7	9			6			8
4						3		
	6		2				9	
2					8		6	

575

7							8	
1	3			7	9			
								4
		4	7	9	2	6	3	
9	7	2	5					
					7			
2		5	6			4		8
			9			3		

576

Aanswer

575

5	8	2	9	1	4	7	3	6
9	1	4	6	3	7	2	8	5
6	3	7	5	8	2	4	1	9
8	4	5	1	7	9	6	2	3
3	2	6	8	4	5	9	7	1
1	7	9	3	2	6	5	4	8
4	9	8	7	6	1	3	5	2
7	6	1	2	5	3	8	9	4
2	5	3	4	9	8	1	6	7

576

7	4	9	2	5	6	1	8	3
1	3	8	4	7	9	5	6	2
5	2	6	3	1	8	7	9	4
8	1	4	7	9	2	6	3	5
6	5	3	1	8	4	9	2	7
9	7	2	5	6	3	8	4	1
3	6	1	8	4	7	2	5	9
2	9	5	6	3	1	4	7	8
4	8	7	9	2	5	3	1	6

	9	3						6
6			2			4		
				8		9		
	5						9	8
	2			4	5			
			8					3
			9	5				4
	1	6						
9		5				8		

577

			3	2		6		8
				6			1	
	9				7			
			7	9	6	1		
5	4							
				1				
		7			1			
	2		6	8		7		9
							2	

578

Aanswer

577

2	9	3	5	1	4	7	8	6
6	7	8	2	3	9	4	1	5
5	4	1	6	8	7	9	3	2
3	5	4	1	7	6	2	9	8
8	2	9	3	4	5	6	7	1
1	6	7	8	9	2	5	4	3
7	8	2	9	5	3	1	6	4
4	1	6	7	2	8	3	5	9
9	3	5	4	6	1	8	2	7

578

7	1	5	3	2	4	6	9	8
4	3	2	9	6	8	5	1	7
8	9	6	1	5	7	2	3	4
2	8	3	7	9	6	1	4	5
5	4	1	8	3	2	9	7	6
6	7	9	4	1	5	3	8	2
9	5	7	2	4	1	8	6	3
1	2	4	6	8	3	7	5	9
3	6	8	5	7	9	4	2	1

	8				5	3		
2			1					
6				4	3			
5						8		
	6				7			
			9			7	2	
				9				
		1	8				3	7
8				3	2			

579

	6		4		5			1
3	2	1						8
				7		2		
4			1				9	
		5					8	7
		4	3			8	7	
	3				8	1		4
								2

580

Aanswer

579

1	8	9	6	7	5	3	4	2
2	4	3	1	8	9	5	7	6
6	7	5	2	4	3	9	8	1
5	2	7	3	1	4	8	6	9
9	6	8	5	2	7	4	1	3
3	1	4	9	6	8	7	2	5
7	3	2	4	9	1	6	5	8
4	9	1	8	5	6	2	3	7
8	5	6	7	3	2	1	9	4

580

7	6	9	4	8	5	3	2	1
5	4	8	2	1	3	7	6	9
3	2	1	6	9	7	5	4	8
6	9	3	8	7	4	2	1	5
4	8	7	1	5	2	6	9	3
2	1	5	9	3	6	4	8	7
1	5	4	3	2	9	8	7	6
9	3	2	7	6	8	1	5	4
8	7	6	5	4	1	9	3	2

	3	8		5				
	5		4			2		
					2	7		
						8	3	
						6		2
8	9		5					
	8	2	7	6				
1		7						
3				8		1		

581

				5	7			8
2			1					
		6	4	3				
5		4			2			9
						8		
	6	2		9				
		8		4		6		2
7				2	5			
		5						

582

Aanswer

581

2	3	8	6	5	7	9	4	1
7	5	6	4	1	9	2	8	3
9	1	4	8	3	2	7	6	5
6	2	5	1	7	4	8	3	9
4	7	1	3	9	8	6	5	2
8	9	3	5	2	6	4	1	7
5	8	2	7	6	1	3	9	4
1	6	7	9	4	3	5	2	8
3	4	9	2	8	5	1	7	6

582

4	3	9	2	5	7	1	6	8
2	5	7	1	8	6	4	9	3
1	8	6	4	3	9	2	7	5
5	7	4	8	6	2	3	1	9
3	9	1	5	7	4	8	2	6
8	6	2	3	9	1	5	4	7
9	1	8	7	4	3	6	5	2
7	4	3	6	2	5	9	8	1
6	2	5	9	1	8	7	3	4

	8				4			
3	9	7		8				
							5	
		6		7	3			2
		5					1	
1				2			8	
			7	5	9	8	2	
	6					9	7	

583

		3		1	8			
						2		6
					6		4	
		6		9	1		7	
	9	8						
5				4				
3						7	1	9
9			5			8		
				7			5	

584

Aanswer

583

5	8	2	6	1	4	7	3	9
3	9	7	5	8	2	4	6	1
6	1	4	3	9	7	2	5	8
8	4	6	1	7	3	5	9	2
9	2	5	8	4	6	3	1	7
1	7	3	9	2	5	6	8	4
4	3	1	7	5	9	8	2	6
7	5	9	2	6	8	1	4	3
2	6	8	4	3	1	9	7	5

584

6	2	3	4	1	8	5	9	7
8	1	4	9	5	7	2	3	6
7	5	9	3	2	6	1	4	8
2	4	6	8	9	1	3	7	5
1	9	8	7	3	5	4	6	2
5	3	7	6	4	2	9	8	1
3	6	5	2	8	4	7	1	9
9	7	1	5	6	3	8	2	4
4	8	2	1	7	9	6	5	3

	9					3	1	
			6			7		
				3	5			
9			8		6			
5	2			9				
	6	8	7					
					3	2		8
		4		1			9	3
		9		2				

585

			6					
2		5		4			7	
	1	4			9			2
		3			7		8	
				2	6		5	
	8							7
	9		2	1				4
	2							
4		7						5

586

Aanswer

585

8	9	6	2	7	4	3	1	5
3	5	1	6	8	9	7	2	4
7	4	2	1	3	5	8	6	9
9	1	3	8	4	6	5	7	2
5	2	7	3	9	1	4	8	6
4	6	8	7	5	2	9	3	1
1	7	5	9	6	3	2	4	8
2	8	4	5	1	7	6	9	3
6	3	9	4	2	8	1	5	7

586

9	7	8	6	5	2	4	1	3
2	6	5	1	4	3	8	7	9
3	1	4	7	8	9	5	6	2
1	5	3	4	9	7	2	8	6
7	4	9	8	2	6	3	5	1
6	8	2	5	3	1	9	4	7
8	9	6	2	1	5	7	3	4
5	2	1	3	7	4	6	9	8
4	3	7	9	6	8	1	2	5

		2					9	
		7	6				1	
6			4	2	1	5		
2			7					9
7	4	8						
					6			
		6			2	9		5
	7		1		3			4
								6

587

				8			9	
		3	7					4
7	1							
	3		6	9				
				3	5			
	9	7					5	1
		8		5				
2				4		5		
					6			3

588

Aanswer

587

4	1	2	5	7	8	6	9	3
5	8	7	6	3	9	4	1	2
6	9	3	4	2	1	5	8	7
2	6	1	7	8	4	3	5	9
7	4	8	3	9	5	2	6	1
3	5	9	2	1	6	7	4	8
1	3	6	8	4	2	9	7	5
9	7	5	1	6	3	8	2	4
8	2	4	9	5	7	1	3	6

588

4	6	2	5	8	3	1	9	7
5	8	3	7	1	9	6	2	4
7	1	9	4	6	2	8	3	5
1	3	5	6	9	7	2	4	8
8	2	4	1	3	5	9	7	6
6	9	7	8	2	4	3	5	1
3	4	8	9	5	1	7	6	2
2	7	6	3	4	8	5	1	9
9	5	1	2	7	6	4	8	3

	9			1			6	
7	2		8					
3				5	4			
		2				3		
1	7			9				
					5		8	
	6				2			8
	5			3				
8						5	7	

589

	6		1					
		8		6				
	5	3			8		7	
9							5	
	3		5	8	2			
		2			7	3		
	7	9			6		3	
4				2	5			

590

Aanswer

4	9	5	2	1	7	8	6	3
7	2	1	8	6	3	9	5	4
3	8	6	9	5	4	2	1	7
5	4	2	7	8	1	3	9	6
1	7	8	3	9	6	4	2	5
6	3	9	4	2	5	7	8	1
9	6	4	5	7	2	1	3	8
2	5	7	1	3	8	6	4	9
8	1	3	6	4	9	5	7	2

589

7	6	4	1	5	3	9	2	8
2	9	8	7	6	4	5	1	3
1	5	3	2	9	8	6	7	4
9	4	7	6	3	1	8	5	2
6	3	1	5	8	2	4	9	7
5	8	2	9	4	7	3	6	1
8	7	9	4	1	6	2	3	5
4	1	6	3	2	5	7	8	9
3	2	5	8	7	9	1	4	6

590

7			6			1		3
		1			5			6
				4				
				5		3	2	4
	4		7		9		5	
				3			9	
3	1	7				4		
		8	2					

591

5		9	6		2			
	7							
2				3				
			1					
	3			2	4		1	
6		8						4
	2				1			3
		4			9	7	8	
		7						9

592

Aanswer

591

7	9	5	6	8	2	1	4	3
4	3	1	9	7	5	2	8	6
8	6	2	3	4	1	5	7	9
5	8	6	4	2	3	9	1	7
1	7	9	8	5	6	3	2	4
2	4	3	7	1	9	6	5	8
6	2	4	1	3	7	8	9	5
3	1	7	5	9	8	4	6	2
9	5	8	2	6	4	7	3	1

592

5	4	9	6	1	2	3	7	8
8	7	3	4	9	5	1	6	2
2	6	1	7	3	8	9	4	5
4	9	2	1	8	6	5	3	7
7	3	5	9	2	4	8	1	6
6	1	8	3	5	7	2	9	4
9	2	6	8	7	1	4	5	3
3	5	4	2	6	9	7	8	1
1	8	7	5	4	3	6	2	9

				5			6	3
		6			9			
		4		2		8		
6	7		8					
1	3			9				6
		5						
		9				6		8
			3	6	8	1		5

593

1					6	5		8
	6							
			4		3		2	
						6		
	2		8	9			5	
				4				7
6					5			
	5			3		7		
	4	2				1		

594

Aanswer

9	8	1	4	5	7	2	6	3
3	2	6	1	8	9	5	4	7
7	5	4	6	2	3	8	1	9
6	7	2	8	3	1	9	5	4
1	3	8	5	9	4	7	2	6
4	9	5	2	7	6	3	8	1
5	1	9	7	4	2	6	3	8
2	4	7	3	6	8	1	9	5
8	6	3	9	1	5	4	7	2

593

1	3	4	9	2	6	5	7	8
2	6	9	5	7	8	4	1	3
7	8	5	4	1	3	9	2	6
9	7	8	3	5	1	6	4	2
4	2	6	8	9	7	3	5	1
5	1	3	6	4	2	8	9	7
6	9	7	1	8	5	2	3	4
8	5	1	2	3	4	7	6	9
3	4	2	7	6	9	1	8	5

594

						2		
	3	8	4		5		9	
				3	8			
	1			8	6			
7							8	
						9		4
	4				9	5		
5			1					
	6			2				7

595

3				5			8	6
							3	
8		4	9	1				
4				6				3
			7					
1						2	4	
				8				
	1					7	6	
2			4				9	

596

Aanswer

595

4	7	5	6	9	1	2	3	8
2	3	8	4	7	5	6	9	1
6	9	1	2	3	8	4	7	5
9	1	4	3	8	6	7	5	2
7	5	2	9	1	4	3	8	6
3	8	6	7	5	2	9	1	4
1	4	7	8	6	9	5	2	3
5	2	3	1	4	7	8	6	9
8	6	9	5	2	3	1	4	7

596

3	9	1	2	5	7	4	8	6
7	2	5	6	4	8	1	3	9
8	6	4	9	1	3	5	7	2
4	7	2	8	6	1	9	5	3
5	3	9	7	2	4	6	1	8
1	8	6	3	9	5	2	4	7
6	4	7	1	8	9	3	2	5
9	1	8	5	3	2	7	6	4
2	5	3	4	7	6	8	9	1

4								
	5	7						
				8			1	2
2		6		9			8	1
		1		2				
	3						4	
5	9		4				2	
	7	4	3					
						1		

597

		1	5	8	7			
6							5	7
								2
5				3			9	
	4			5	8			
		7						8
					3			1
9			4	2				
		8		9	1			

598

Aanswer

4	1	2	9	3	6	8	5	7
8	5	7	2	4	1	3	6	9
3	6	9	7	8	5	4	1	2
2	4	6	5	9	3	7	8	1
7	8	1	6	2	4	9	3	5
9	3	5	1	7	8	2	4	6
5	9	8	4	1	7	6	2	3
1	7	4	3	6	2	5	9	8
6	2	3	8	5	9	1	7	4

597

4	2	1	5	8	7	6	3	9
6	9	3	1	4	2	8	5	7
8	7	5	3	6	9	4	1	2
5	8	2	7	3	6	1	9	4
1	4	9	2	5	8	3	7	6
3	6	7	9	1	4	5	2	8
2	5	4	8	7	3	9	6	1
9	1	6	4	2	5	7	8	3
7	3	8	6	9	1	2	4	5

598

3	7	9						
						2		8
				6				3
1					5	3	2	
			1	4	8			6
	1	5	7		6		8	
7	6		2				5	

599

9				7	2		5	
		4	3					
7					4			
5					6		8	
1						3		
			8			5	2	7
			9		1		7	
		5	6		3	2		
				4				

600

Aanswer

599

3	7	9	8	1	2	4	6	5
5	4	6	3	9	7	2	1	8
8	2	1	5	6	4	7	9	3
1	8	4	6	7	5	3	2	9
9	3	2	1	4	8	5	7	6
6	5	7	9	2	3	8	4	1
4	1	5	7	3	6	9	8	2
7	6	3	2	8	9	1	5	4
2	9	8	4	5	1	6	3	7

600

9	3	8	1	7	2	6	5	4
6	5	4	3	9	8	7	1	2
7	1	2	5	6	4	9	3	8
5	2	7	4	3	6	1	8	9
1	8	9	2	5	7	3	4	6
3	4	6	8	1	9	5	2	7
8	6	3	9	2	1	4	7	5
4	7	5	6	8	3	2	9	1
2	9	1	7	4	5	8	6	3